温狄 编著

BRIDE HAIRSTYLE DESIGN

影楼经典发型设计实战

（第3卷）

人民邮电出版社
北京

图书在版编目（CIP）数据

影楼经典发型设计实战. 第3卷 / 温狄编著. -- 北京 : 人民邮电出版社, 2015.1
ISBN 978-7-115-37366-3

Ⅰ. ①影… Ⅱ. ①温… Ⅲ. ①发型－造型设计－图集
Ⅳ. ①TS974.21-64

中国版本图书馆CIP数据核字(2014)第252563号

内容提要

本书是一本涵盖面极广的综合性影楼发型设计实用教程。书中包含白纱发型、晚礼发型和旗袍发型3个系列，共有105款造型。书中的案例风格多样，手法全面；每款造型都从多角度进行展示，并以图片和文字相对应的形式进行了详细的步骤解析，附带造型提示。本书不仅能使读者轻松掌握每种发型的设计方法及要领，还能起到举一反三的作用。

本书适合影楼化妆造型师、新娘跟妆师阅读，同时可作为相关培训机构的专业教材。

◆ 编　　著　温　狄
责任编辑　赵　迟
责任印制　程彦红
◆ 人民邮电出版社出版发行　　北京市丰台区成寿寺路11号
邮编　100164　　电子邮件　315@ptpress.com.cn
网址　http://www.ptpress.com.cn
北京盛通印刷股份有限公司印刷
◆ 开本：889×1194　1/16
印张：14.5
字数：574千字　　2015年1月第1版
印数：1－3 000册　　2015年1月北京第1次印刷

定价：98.00元

读者服务热线：(010)81055410　印装质量热线：(010)81055316
反盗版热线：(010)81055315
广告经营许可证：京崇工商广字第0021号

前言

回想起来，2011年出版的《影楼经典发型设计实战》到今天已有4年之久。对于第3卷的编写，我依然秉承着最初的想法，希望通过本书，将我所掌握的技艺传授给更多创造美丽的使者。

发型一直是很多化妆造型师最头疼的部分，也是很多化妆造型培训机构授课的重点。做发型真的很难吗？其实一点都不难，问题的关键还是在于基本功不扎实。现在太多的人在学技术时，都有“急于求成”的心态，其实这是不对的。学习中的每一步都需要脚踏实地、一步一个脚印地走过来，没有什么东西是速成的。我经常对学生说的8个字就是：勤加练习，融会贯通。

我在编写此书的过程中加入了很多当下流行的手法，并以以一变十、以十变百的思维进行操作，使读者更加容易理解与操作。我总结了各类读者的需求与流行的发型趋势，延续了第1卷及第2卷的精髓，并围绕影楼新娘造型及当日新娘造型所需的风格，将白纱发型、晚礼发型及旗袍发型三个系列总结在一起。

本书在追求内容详尽、图文并茂的同时，突出了造型步骤的分解与描述，造型风格更加丰富多元，并配有多款发型大图欣赏，是对第1卷及第2卷的继承与升级。

本书对化妆造型初学者、影楼从业化妆造型师及自由化妆造型师都有较大的参考价值。希望读者通过阅读本书加强实际操作能力，在化妆造型设计这一艺术阶梯上更上一层。

温狄

2014年秋

CONTENTS

CONTENTS

02 晚礼发型系列

195

197

199

201

203

205

207

209

211

213

215

217

219

221

223

225

01

·白纱发型系列·

将头发分为刘海区、左右侧发区、顶发区及后发区。

将刘海区的头发用三股辫的手法编至发尾。

将编好的头发拧转并固定于刘海顶部区域。

将顶发区的头发向后做饱满的拧包。

将两侧发区的头发分别向后用三股辫的手法编至发尾。

提拉编好的头发，交叉并固定。

将后发区的头发从左往右依次拧转并固定。

将后发区的头发从右往左依次拧转并固定。

将后发区的余发向上做卷筒并固定。

最后佩戴精美的饰品。

造型提示

每一位新娘都希望能像公主一样高贵而典雅。在打造此款发型时综合运用了多种技法。需要注意的是，编发需要整洁干净，后发区头发的拧包需要错落有致，头顶饱满的拧包需要与整体发型相协调。此款发型非常适合喜欢高贵大气风格的新娘。

01 将头发分为刘海区、顶发区及后发区。

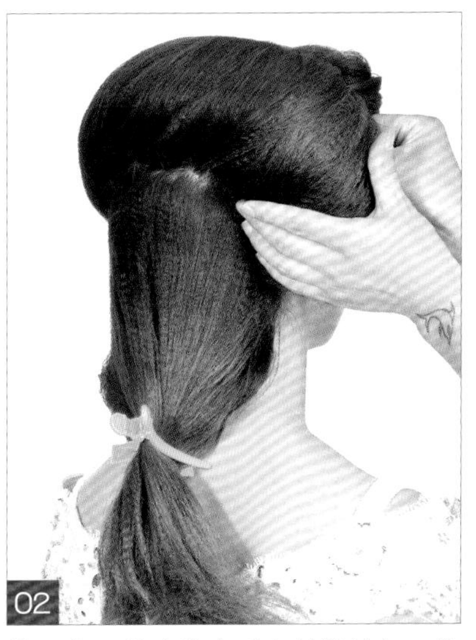

02 将顶发区的头发由后向前做拧包，收起并固定。

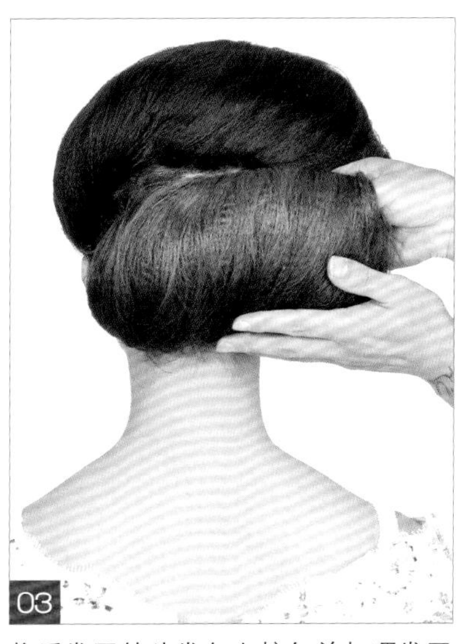

03 将后发区的头发向上拧包并与顶发区的发包衔接固定。

04 将刘海区的头发从左向右采用三股连编的方式编至发尾。

05 将编好的发尾隐藏并固定。

06 将白色绢花佩戴在后发区发包交界处。

07 将精美的头饰佩戴在顶发区与刘海区的分区线处。

造型提示

田园风格的清新编发与高贵典雅的包发相结合，凸显出新娘怡静俏丽的气质。此款发型在操作中需要注意，发丝纹理要干净整洁，编发时要把握松紧程度，并确定饰品的佩戴位置。

将顶发区的头发根部打毛。

在顶发区做出饱满的发包。

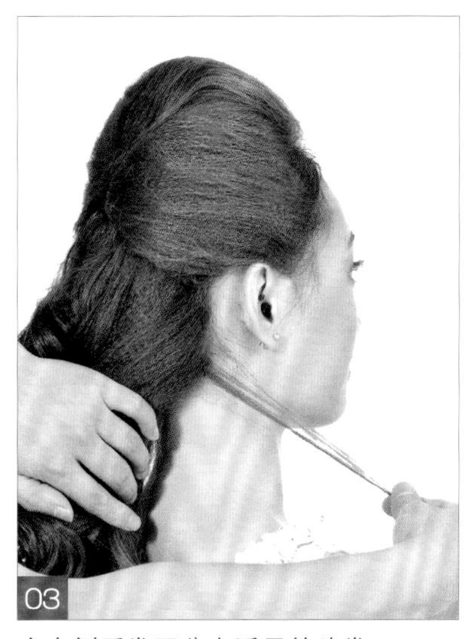

在右侧后发区分出适量的头发。

将左侧后发区的头发向右提拉，拧转并固定。

将右侧后发区的头发向左提拉，拧转并固定。

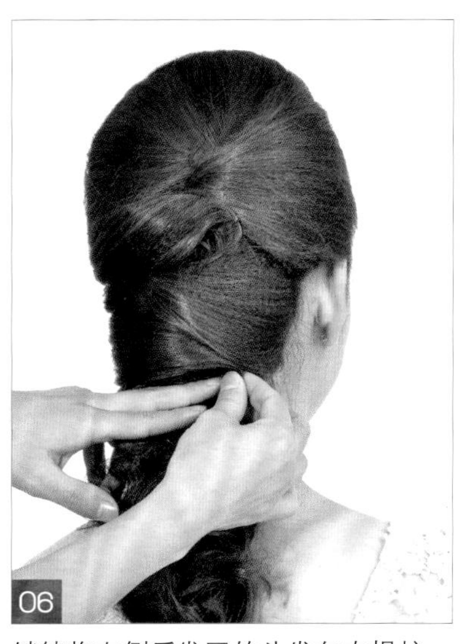

继续将左侧后发区的头发向右提拉，拧转并固定。

在枕骨处佩戴精美的饰品，点缀后发区的造型。

在前额佩戴精致的蕾丝饰品。

造型提示

饱满的发包、浪漫的卷发不仅可以营造出一位端庄高雅的新娘，亦可营造出浪漫纯真的气氛。操作时需要注意，卷发要到位，在拧转过程中要保证发丝纹理的干净程度；头顶的发区拧包需饱满、圆润、有型。

01
将右侧发区的头发根部打毛。

02
将右侧发区的头发向后内做扣拧转并固定。

03
将左侧发区的头发根部打毛。

04
将左侧发区的头发向后做内扣拧转并固定。

05
将后发区的头发从左往右提拉，拧转并固定。

06
将剩余的头发向上拧转并固定。

07
最后佩戴精致浪漫的网纱，烘托出新娘婉约动人的气质。

造型提示

对于脸形偏长的新娘来说，在造型上需要选择更为圆润饱满的发型，这样在视觉上能使新娘的脸形更加协调。此款发型通过打造圆润的发髻，凸显出新娘柔美恬静的一面。在操作中，需要保证发型的对称和协调。此款发型非常适合柔美端庄的新娘。

将所有头发进行外翻烫卷。

将烫好的头发分为左、右侧发区和左、右后发区。

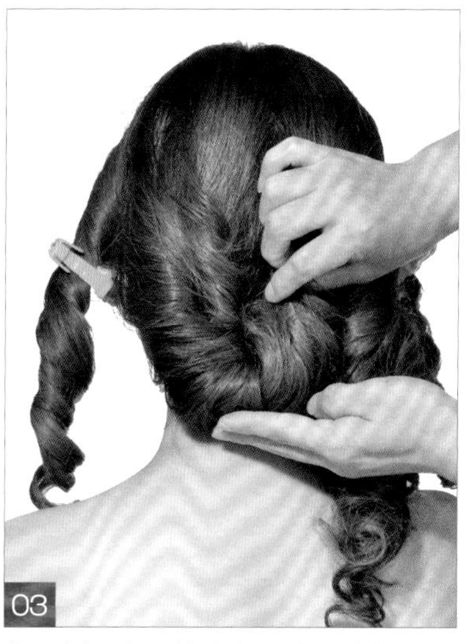

将左侧后发区的头发向右上方拧转并固定。

将右侧后发区的头发向左上方拧转并固定。

分出一缕发丝。

将右侧发区的头发向内拧转并固定。

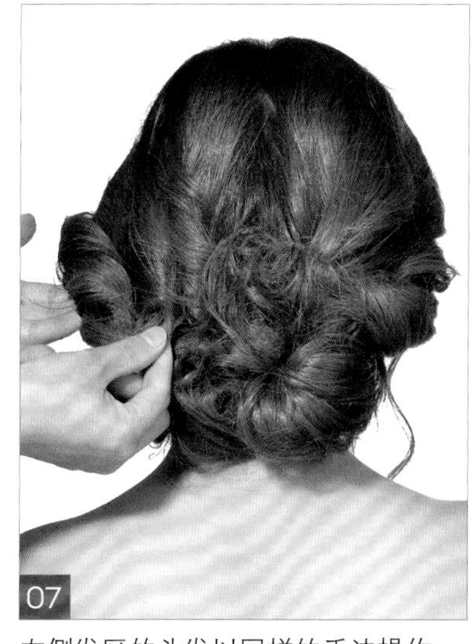

左侧发区的头发以同样的手法操作。

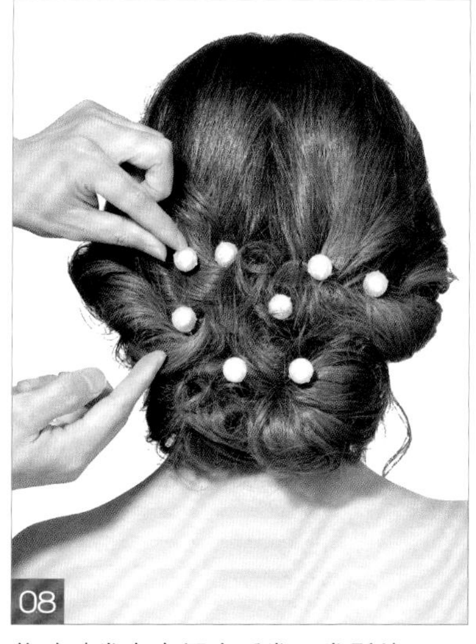

将珍珠发卡点缀在后发区发髻处。

造型提示

韩式新娘造型是很多新娘不二的选择。清新、典雅、甜美的韩式新娘造型能很好地烘托出新娘的婉约娴静之美。操作时，需要注意将烫卷头发的细节做好，而且在拧转后发区的头发的时候，需要整体观察，使造型协调且与饰品统一。此款发型非常适合追求小清新风格的新娘。

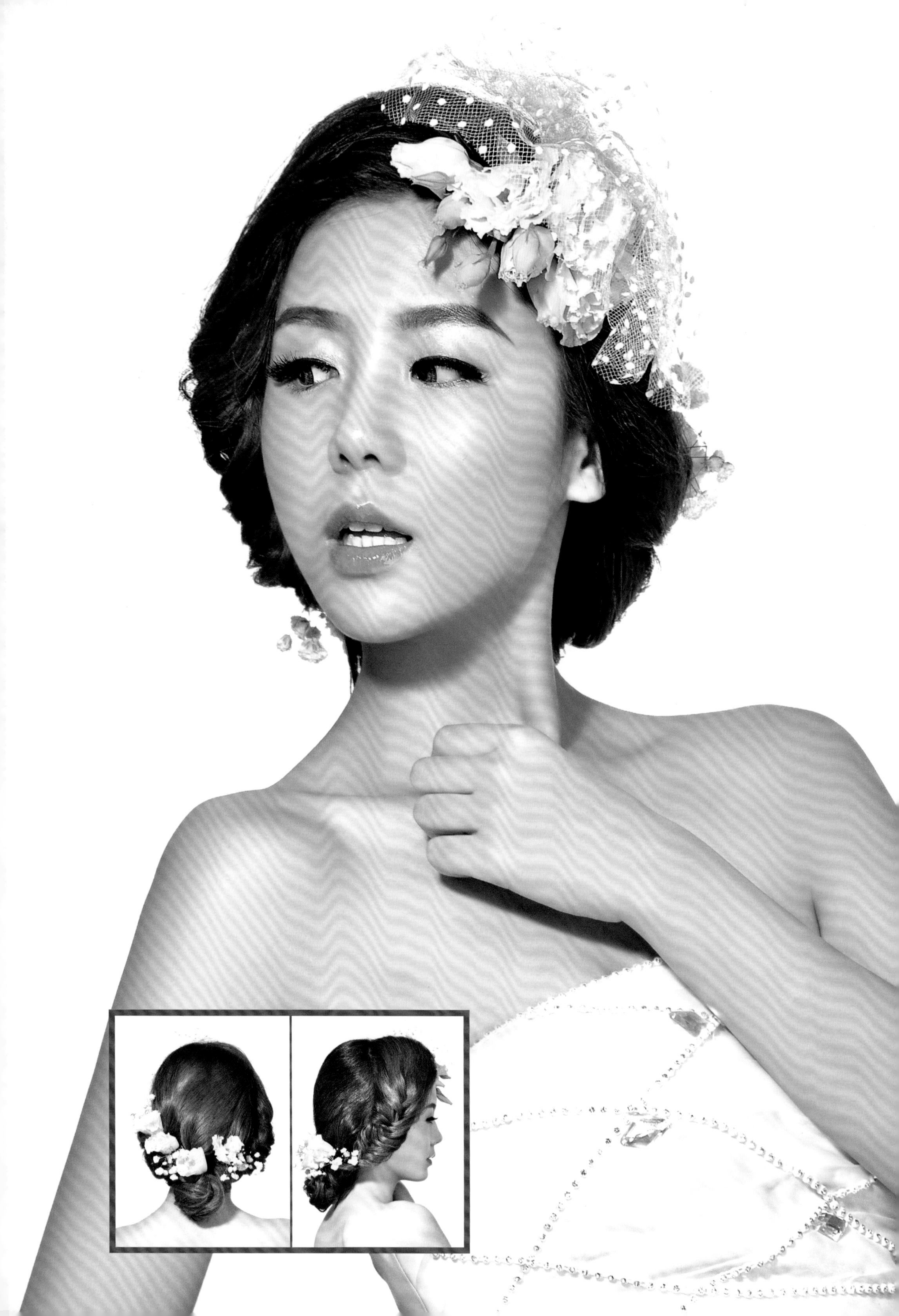

将左侧刘海区的头发向后梳理，并与左侧后发区的头发相互交叉。

采用单边拧转续发的方式操作至发尾。

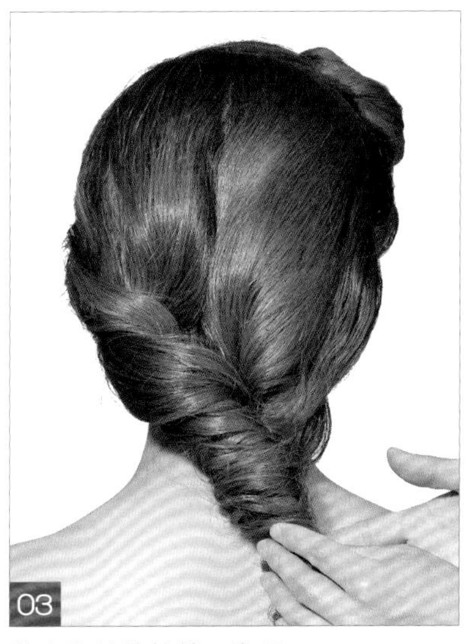

将余发继续拧转至发尾。

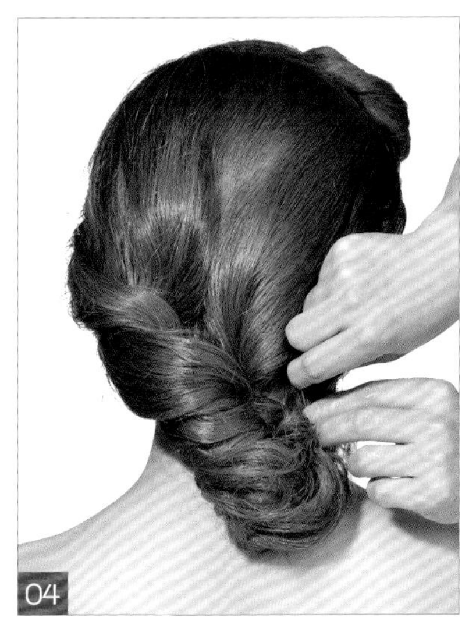

将发尾向上提拉并固定。

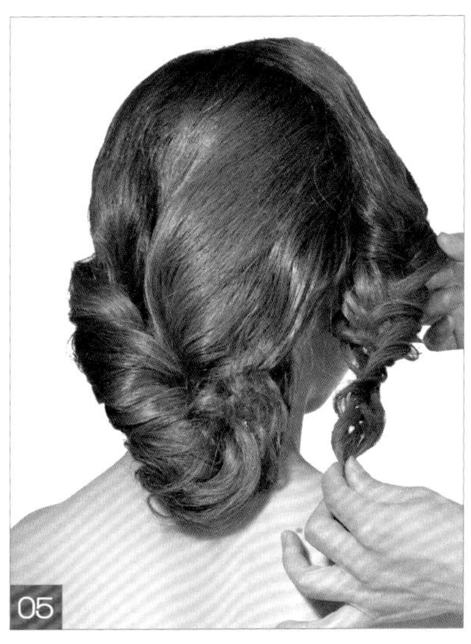

将右侧刘海区的头发向后梳理并编蝎子辫至发尾。

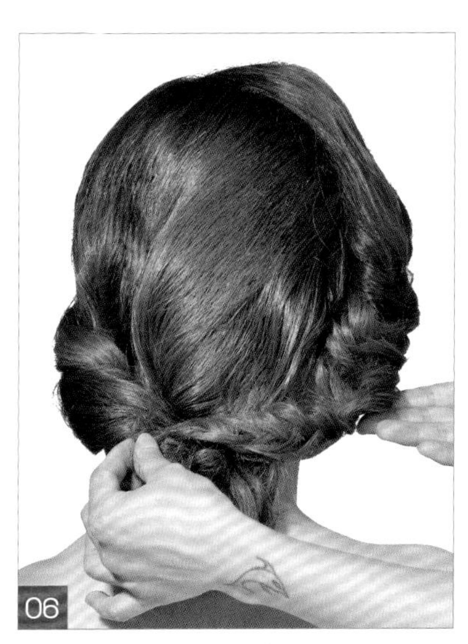

将发尾向后提拉并固定。

最后佩戴美丽的鲜花，点缀造型。

造型提示

对于新娘来说，简约而经典的发型不仅能烘托出浪漫清新的气质，还带有几分俏丽。而对于很多造型师来说，快速的操作也是一种方便的选择。此款发型采用了经典的拧发和蝎子编辫，发丝浪漫而典雅，配以美丽的鲜花作为装饰，非常适合喜欢现代清新风格的新娘。

将顶发区头发的根部做打毛处理，并做高耸的发包，收起并固定。

将后发区耳后的一束发片由左向右拧转并固定。

将后发区右侧耳下方的一束发片由右向左拧转并固定。

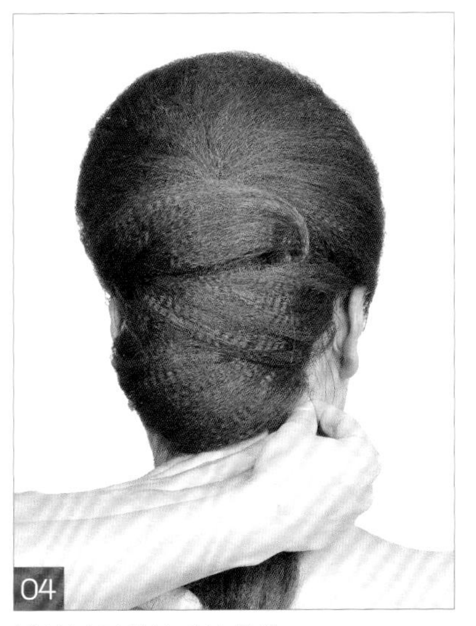

继续以同样的手法操作。

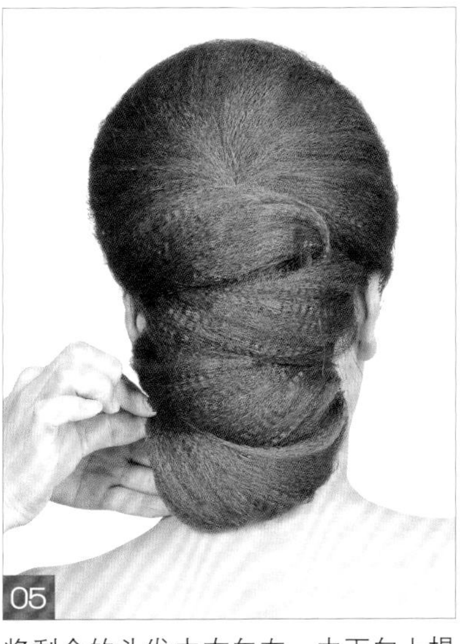

将剩余的头发由右向左、由下向上提拉，将发尾向内收起并固定。

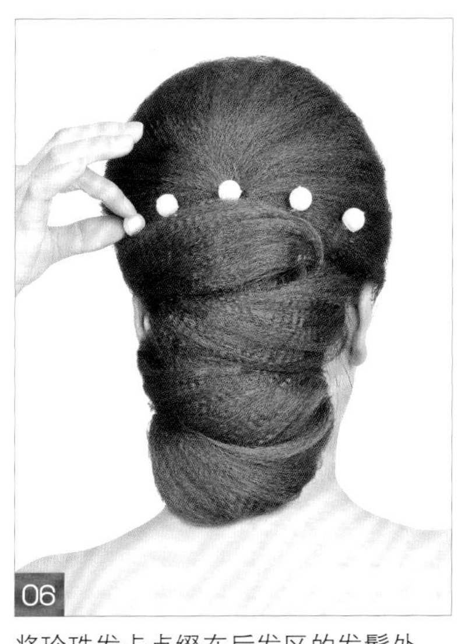

将珍珠发卡点缀在后发区的发髻处。

将刘海区的头发做外翻处理，将发尾做手打卷，收起并固定在右侧耳前方。

将珍珠头饰点缀在顶发区与刘海区的分区线处。

造型提示

此款造型对于脸形偏圆及额头偏大的新娘是最佳的选择，高耸饱满的发包不仅能起到拉长脸形的作用，同时还能很好地提升新娘的气质。重点需注意顶发区发包的圆润饱满，以及后发区发片的层次与光洁。此造型适用于喜爱简洁高贵风格的新娘。

将顶发区的头发做发包收起并固定。

将刘海区的头发向右侧耳后方提拉并固定。

将后发区左侧的头发向右侧拧转并固定。

将后发区下方的头发由下向上拧转并固定至后发区右侧。

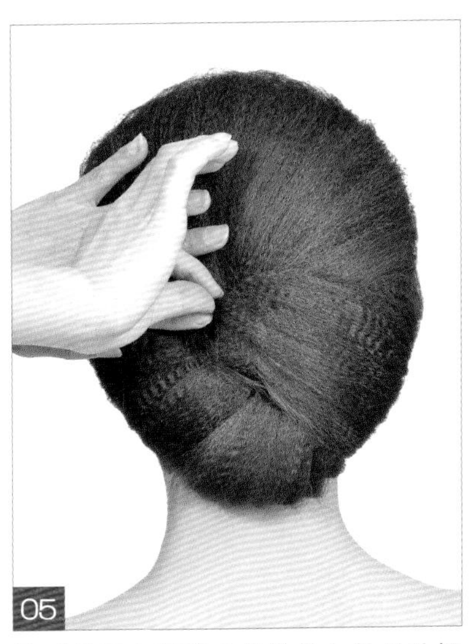

将后发区右侧剩余的头发向枕骨处提拉，拧转并固定。

将饰品点缀在后发区发包交界处。

在左侧前额上方佩戴饰品，点缀造型。

造型提示

此款造型利用双侧及顶发区饱满的发包和偏侧的刘海来修饰模特额头过于饱满、太阳穴凹陷的缺点，适用于菱形脸及由字形脸的模特。重点需注意顶发区发包的圆润饱满及后发区发片衔接的过渡。

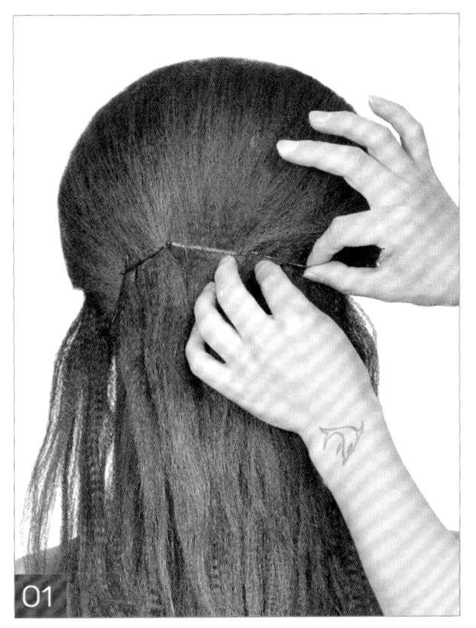
01
将顶发区的头发做打毛处理，并向后做发包收起，下横卡固定。

02
取左侧耳后方一束发片，由左向右进行三股单边续发编辫。

03
编至发尾，将其固定在后发区右上方。

04
将发辫与顶发区的发包边缘进行衔接固定。

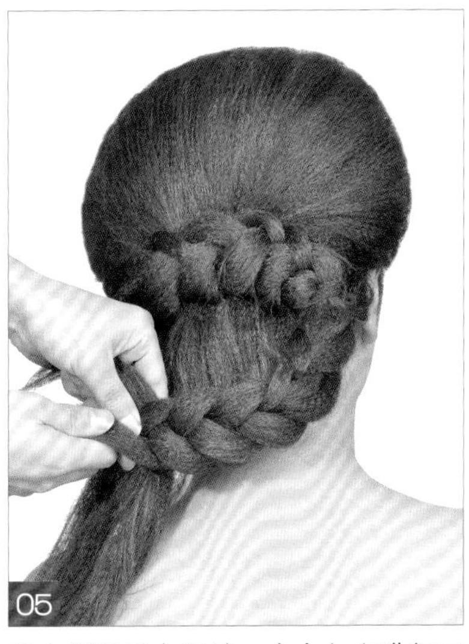
05
从右侧耳后方开始，由右向左进行三股单边续发编辫。

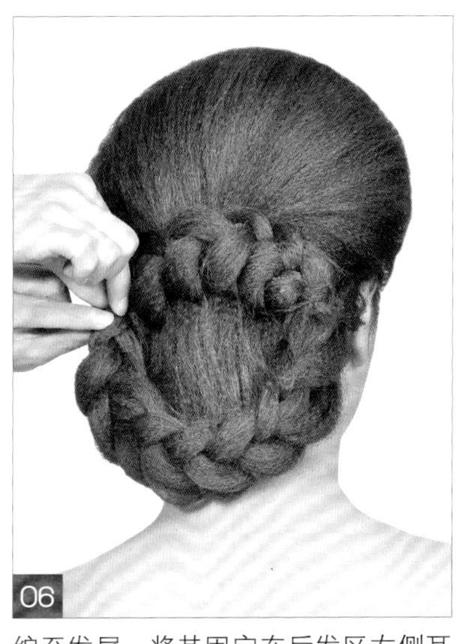
06
编至发尾，将其固定在后发区右侧耳后方。

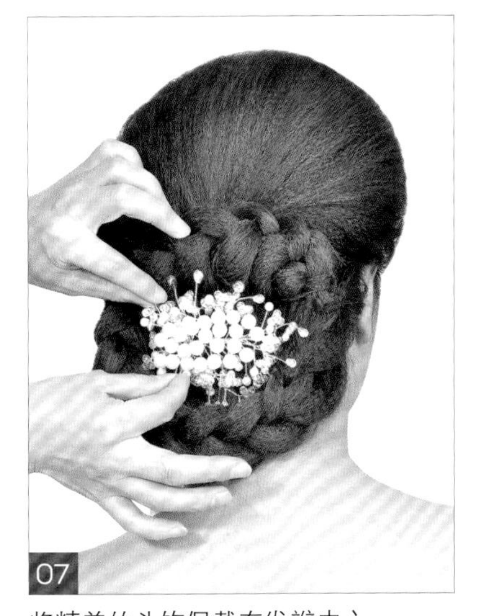
07
将精美的头饰佩戴在发辫中心。

08
将别致的蕾丝饰品佩戴在前额处，点缀造型。

造型提示

这是一款高贵雅致的韩式造型，通过包发及编发手法组合而成。饰品的巧妙佩戴不仅能凸显造型的美感，同时还能修饰模特脸形的不足。此款发型的重点在于顶发区发包与后发区发辫的处理，后发区发辫要有弧度，呈现半圆状，与顶发区的发包形成一个圆润的衔接轮廓。

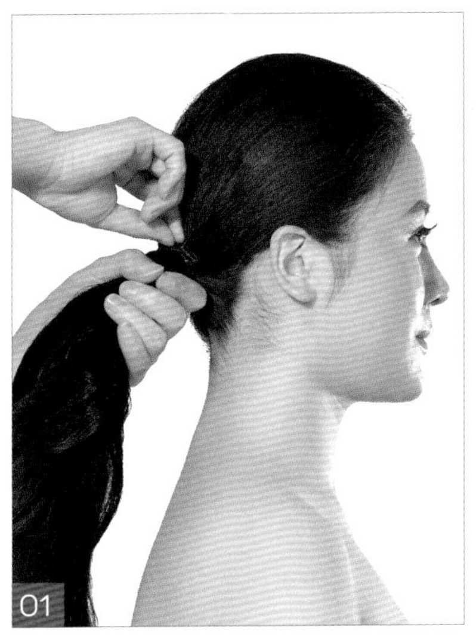

将所有头发用皮筋束偏侧马尾。

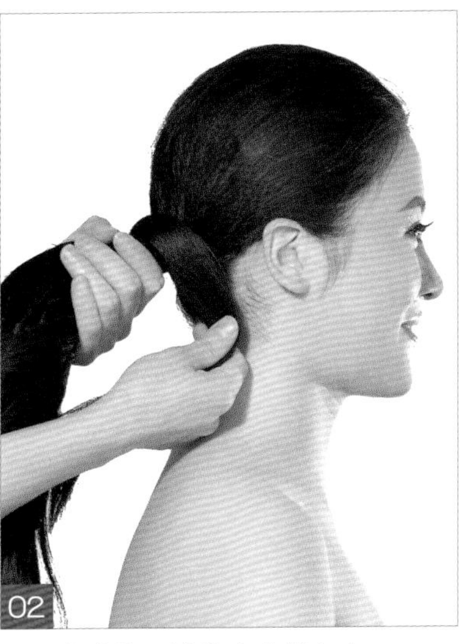

取一束发片，缠绕在皮筋上方。

将剩余的发尾梳理光洁，向右上方拧转。

下卡子将发尾固定在右侧耳后方。

在发髻上方佩戴绢花，点缀造型。

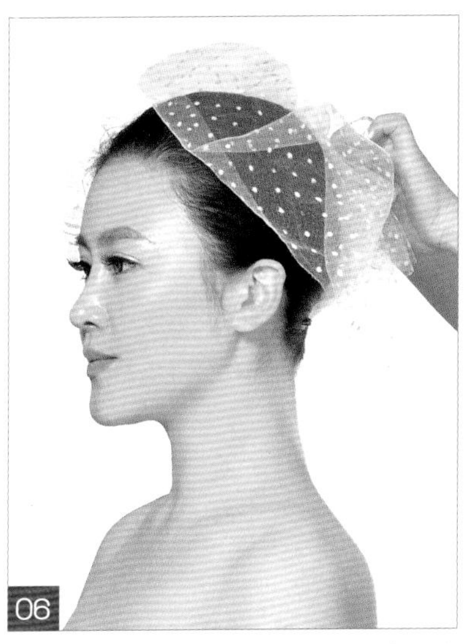

将斑点纱固定在枕骨，营造唯美的浪漫气息。

造型提示

此款造型的操作手法极为简单，利用饰品和头纱来烘托整体感。光洁的马尾、偏侧的发髻，搭配梦幻浪漫的斑点纱，整体造型凸显出新娘时尚简约、唯美浪漫的气息。

将所有的头发烫卷。

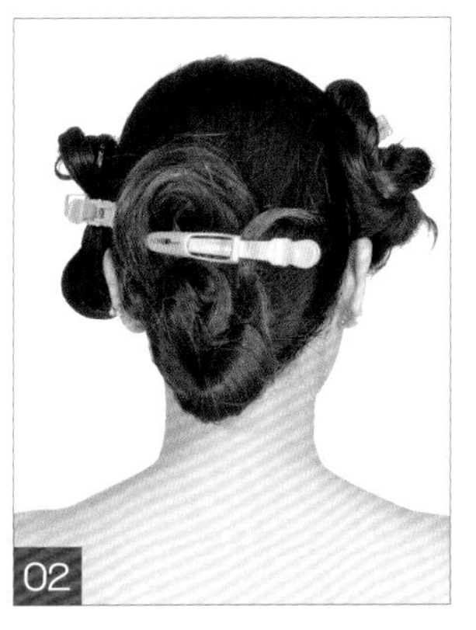

将头发分为左、右侧发区及后发区。

将后发区的头发束低马尾。

将发尾的头发做拧绳处理。

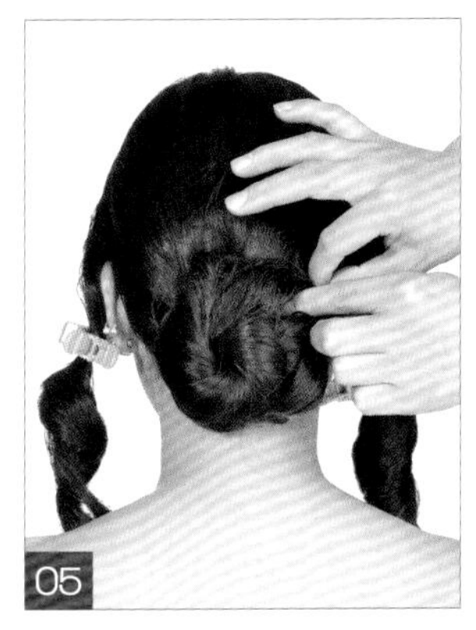

将拧绳缠绕，做成发髻并固定。

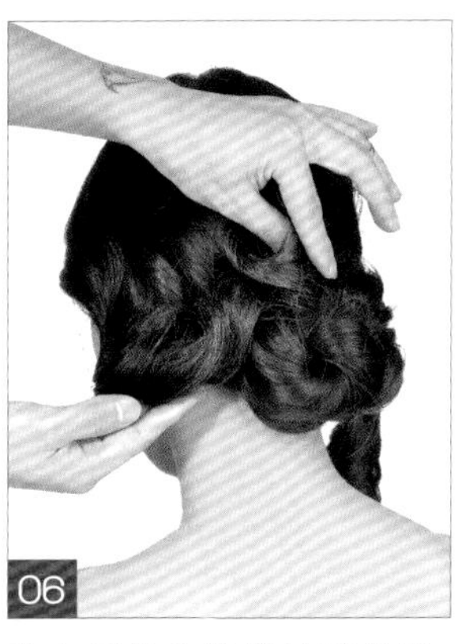

将左侧的头发做外翻拧转，衔接固定在后发区发髻处。

将右侧的头发向后做拧绳。

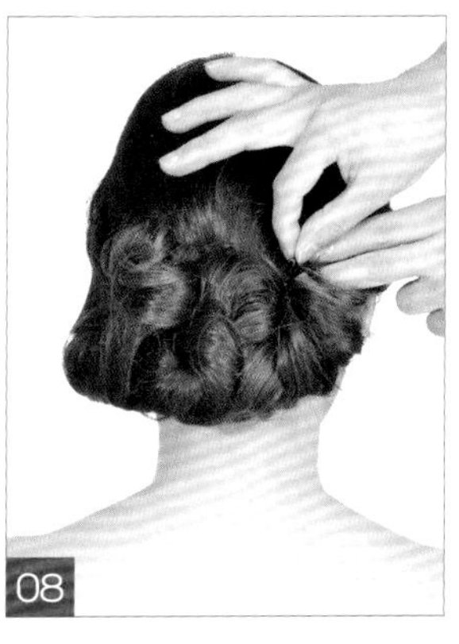

将拧绳与后发区的发髻衔接固定。

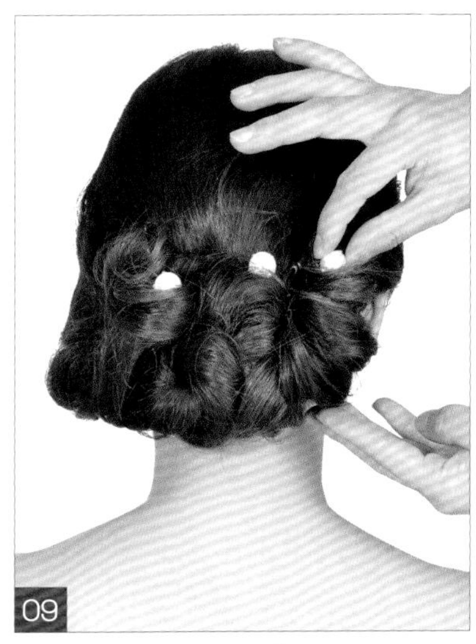

将珍珠发卡点缀在后发区。

在左侧佩戴头花，点缀造型。

造型提示

此款造型适合脸形较为标准或长脸形的新娘，偏侧的发髻轮廓能横向拉长脸形。该发型的重点在于左、右发区的发片与后发区发髻的自然衔接。略微外翻的发片、富有层次的后发区发髻，结合纯白色的丝缎头花，整体造型尽显新娘甜美靓丽的气质。

01
将刘海区的头发的根部做打毛处理。

02
将打毛的刘海区的头发做内扣拧包，收起并固定。

03
将顶发区的头发做饱满的拧包，收起并固定。

04
将左侧发区的头发向后做拧包，收起并固定。

05
将后发区左侧的发片向右侧提拉，拧转并固定。

06
将后发区右侧的头发向耳上方提拉，拧转收起并固定。

07
将发尾做连续发卷，收起并固定。

08
将剩余的头发有层次地向上提拉，拧转并收起。

09
将小头花点缀在发卷之间，衬托发型的层次感。

造型提示

这是一款富有古典气息的发卷盘发，适合妩媚性感的新娘。重点需掌握发卷与发卷之间的层次衔接，并将边缘及发片梳理光洁，不宜有碎发。内扣刘海结合复古发卷，通过别致的头花加以衬托，整体造型尽显新娘优雅妩媚的迷人气质。

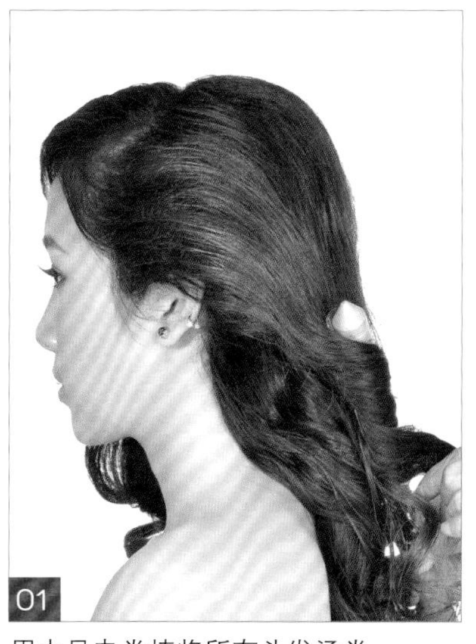

用中号电卷棒将所有头发烫卷。

将顶发区的头发做包发，收起并固定。

将后发区左侧的头发向右上方提拉，拧转并固定。

将后发区右侧的头发向左下方拧转并固定。

将发尾头发做手打卷，收起并固定。

将刘海区的头发向后提拉，并将其摆放出弧度。

将发尾做手打卷，固定在耳后方。

在顶发区及刘海区的交界处佩戴钻饰皇冠。

造型提示

此款造型运用当下流行的韩式拧包手法操作而成。高耸的包发能提升模特的气质，同时还能起到拉长脸形的作用。后发区层次鲜明的交叉拧包结合弧度柔美的刘海，搭配闪亮的皇冠，整体造型尽显典雅优美的韩式新娘风格。

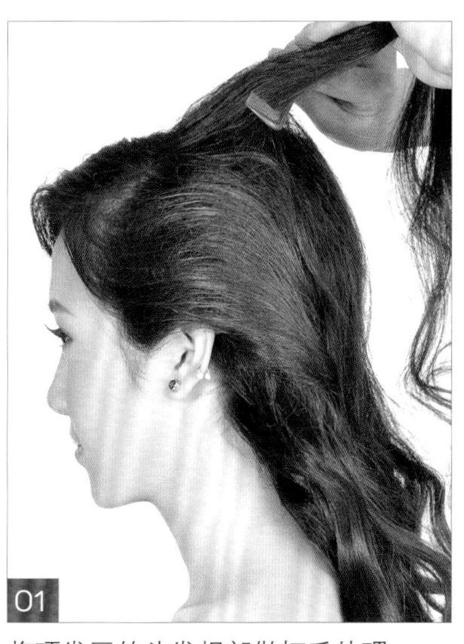

将顶发区的头发根部做打毛处理。

将顶发区的头发做拧包，收起并固定。

将刘海区的头发做外翻打毛处理。

将刘海区的头发进行外翻拧转，固定在右侧耳后方。

将后发区的头发编蝎子辫至发尾。

将发辫向右侧耳后方提拉并固定。

将白色头花佩戴在后发区。

将蕾丝头饰斜向佩戴在顶发区。

造型提示

时尚大气的外翻刘海、别致清新的编发无不体现出新娘雅致时尚的气质。后发区发辫在续发时，发量要均等一致，碎发要收干净。外翻刘海对脸形的修饰起到了至关重要的作用，此刘海较适合长脸形的新娘。

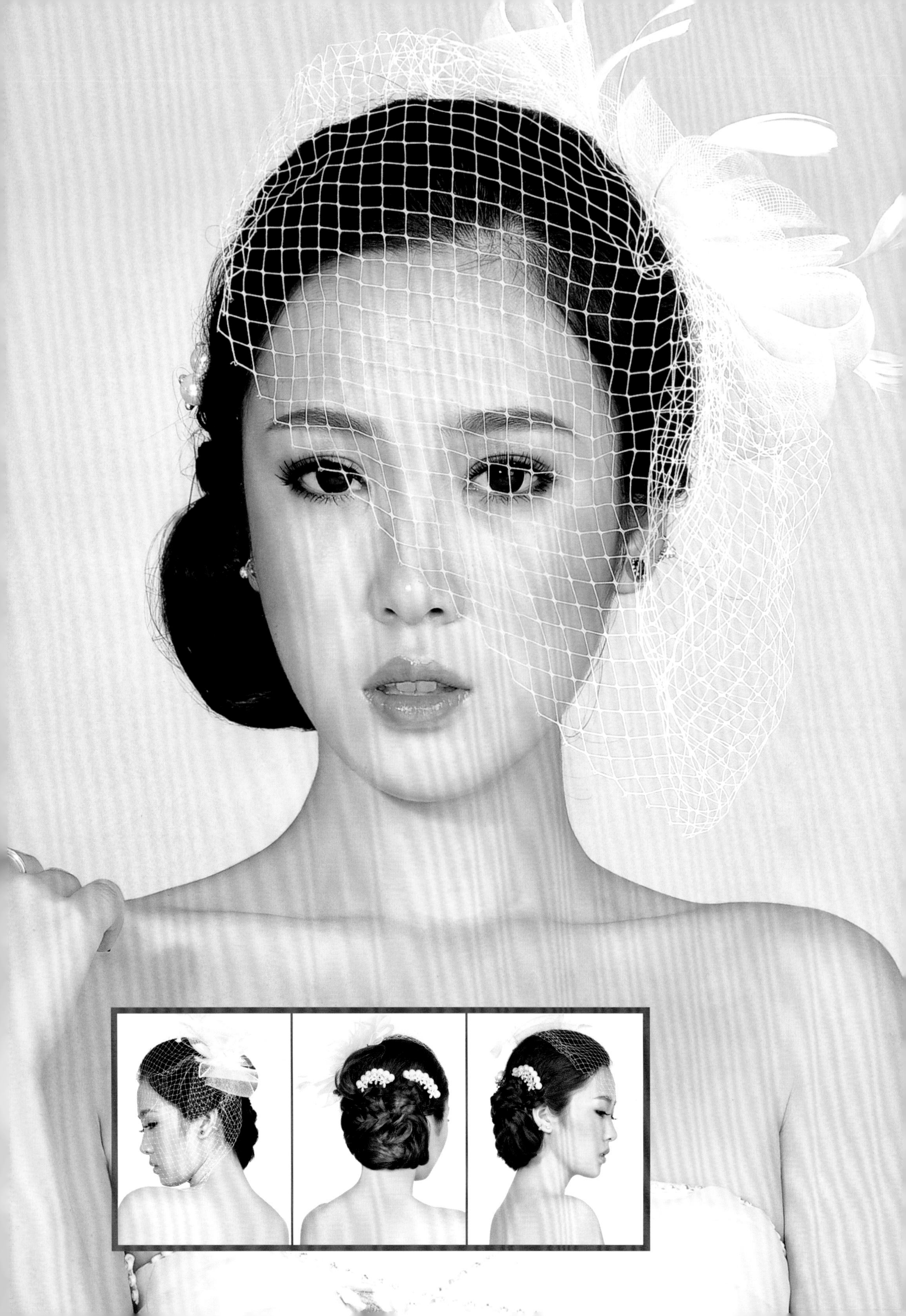

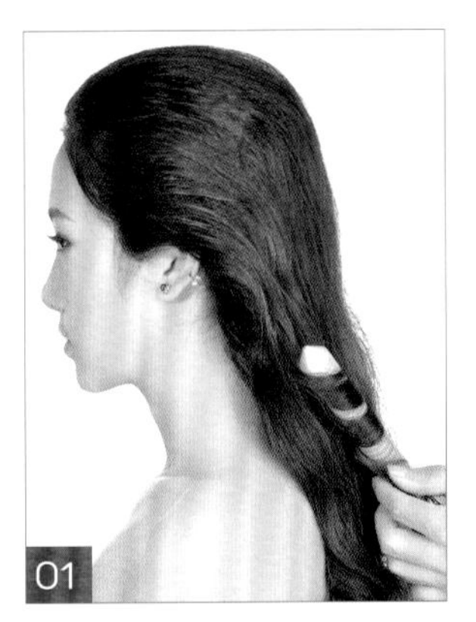

将所有头发烫卷。

将顶发区的头发根部做打毛处理。

取左右各一束发片，进行三股编辫至发尾。

将发辫左右交叉，固定在后发区枕骨处。

取后发区左侧耳后方一束发片，进行三股编辫至发尾。

将发辫在后发区交叉盘绕并固定。

将剩余头发向后发区右侧提拉，做三股编辫至发尾。

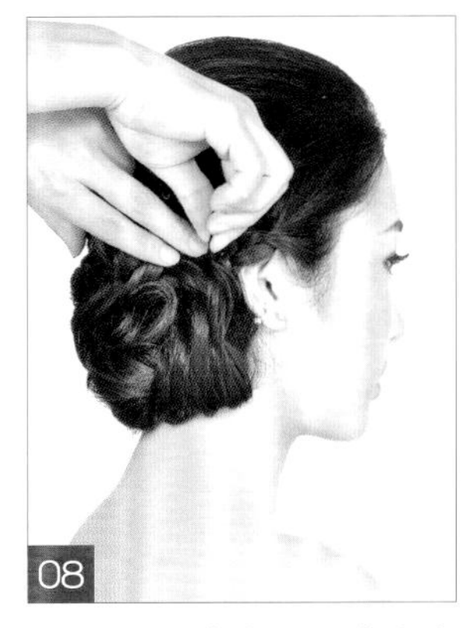

将发辫向上提拉，固定在右侧耳后方。

将发尾沿着后发区枕骨处提拉并固定，并用尖尾梳调整发丝纹理。

将珍珠头饰点缀在后发区。

佩戴网状纱花，点缀造型。

造型提示

此造型利用烫发和三股编辫手法操作而成。发型整体轮廓简洁大方，重点需掌握后发区每个发辫的走向及发辫的光洁程度与松紧程度。纹理清晰的编发盘发搭配神秘浪漫的纱花，整体造型极好地凸显出了新娘冷艳高贵、浪漫神秘的气质。

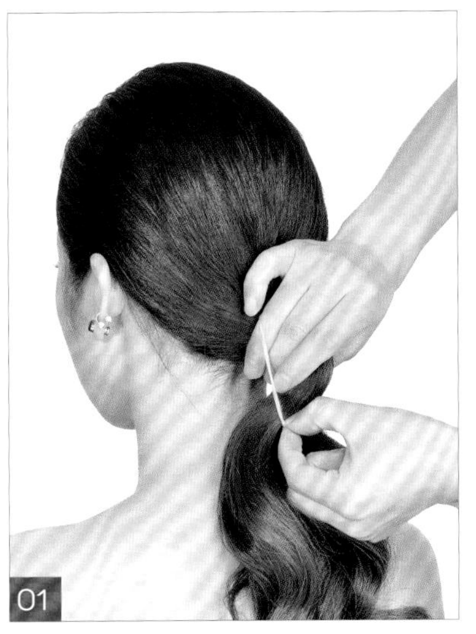

将头发束低马尾。

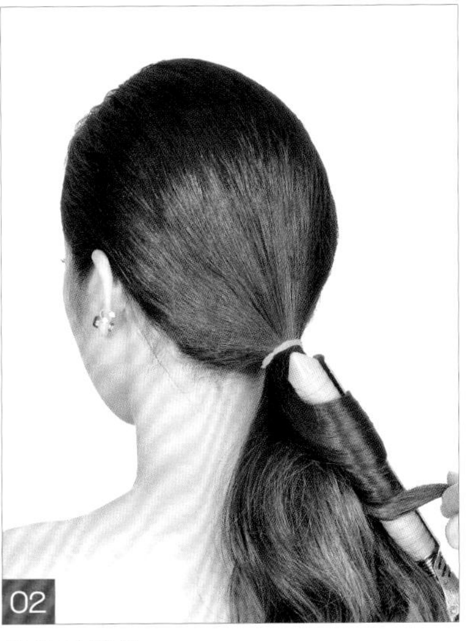

将发尾烫卷。

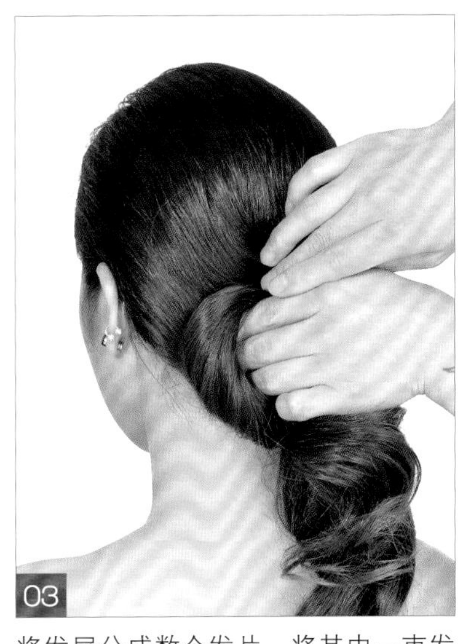

将发尾分成数个发片，将其中一束发片向上提拉，拧转并固定。

继续取一束发片，高于第一束发片叠加固定。

继续以同样的手法操作。

将剩余头发收起并固定。

在头顶处佩戴珍珠皇冠，点缀造型。

造型提示

光洁的马尾总能完美地体现新娘时尚大气的气质，后发区富有层次的发髻为造型增添了一份精致与优雅。在梳理马尾时涂抹适量啫喱，可将碎发处理得更为干净。

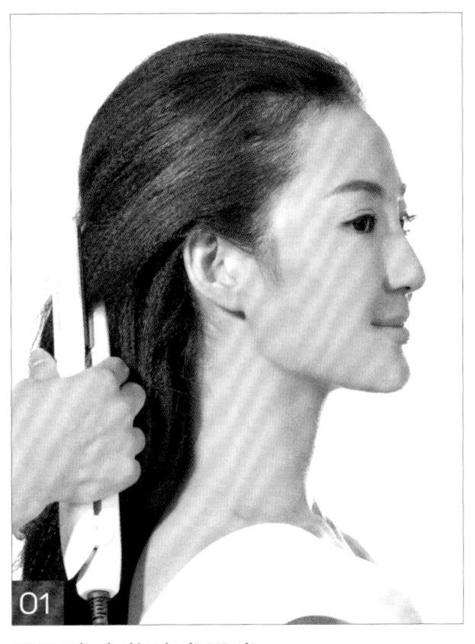

用玉米夹将头发烫卷。

将顶发区的头发做饱满的包发，收起并固定。

将后发区左侧一束发片向右上方提拉，拧转并固定。

将发片发尾与右侧耳后方一束发片交叉处理。

将交叉后位于下方的发片向上提拉并固定。

继续以同样的手法操作。

直至将所有头发操作完成，收起发尾。

将满天星佩戴在前额处。

造型提示

看似复杂的交叉拧转盘发能非常好地凸显发型的层次。光洁的发包搭配层次鲜明的发髻，通过素雅的满天星鲜花加以点缀，使造型呈现出时尚大气、高贵典雅的气质。

01
将所有头发做玉米烫处理，将左侧的头发分成三股均等发片。

02
由左向右进行三股单边续发编辫。

03
编至右侧耳后方转弯，由右向左继续进行三股单边续发编辫。

04
继续以同样的手法操作，编至发尾。

05
将发尾向内收起并固定。

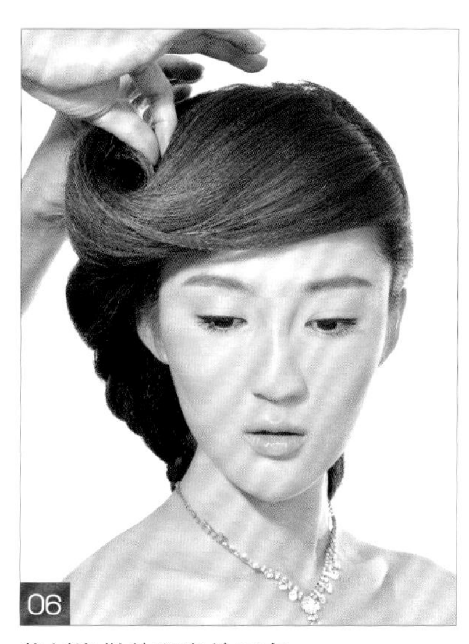
06
将刘海做外翻卷并固定。

07
在后发区点缀满天星。

造型提示

这是一款极富韩式特色的编发造型，是近年新娘们大爱的发型之一。后发区编发时，需注意续发发量的渐变及发辫的提拉走向。外翻的刘海需要与后发区发辫自然地衔接。静雅别致的编发加上时尚的外翻刘海组合，整体造型尽显新娘时尚俏丽的甜美气质。

将顶发区的头发做饱满包发，收起并固定。

将右侧发区的头发做三股编辫至发尾。

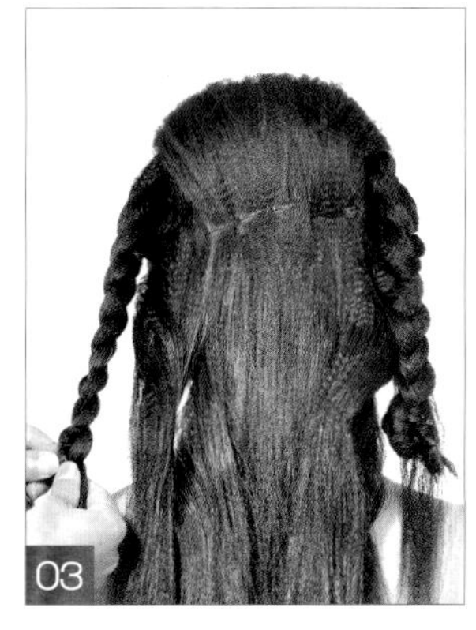

左侧发区的头发以同样的手法操作。

将左右两侧的发辫交叉盘绕并固定。

将左侧耳后方一束发片由左向右提拉至枕骨处，拧转并固定。

以同样的手法向下操作，将后发区的头发依次交叉拧转并固定至尾端。

将剩余发尾用手指做轴心，做卷筒状，向上收起并固定。

将精致小巧的珍珠皇冠佩戴在头顶。

在后发区发辫之上点缀珍珠发卡。

造型提示

此造型利用包发、编发及拧包手法组合而成，层次鲜明的交叉拧包盘发为当下流行的韩式盘发之一。打造后缀式的发髻时，重点在于交错拧转时发片的均等程度及下卡子固定的牢固程度。

01
分出刘海区，将刘海区的头发做外翻拧包，收起并固定。

02
将顶发区的头发根部做打毛处理，并将头发表面向后梳理干净。

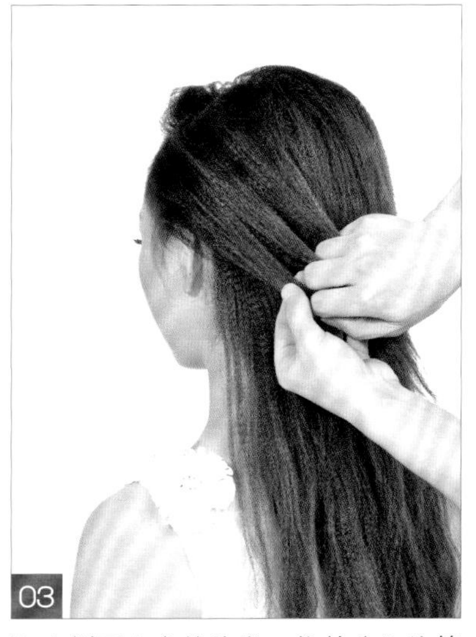
03
取左侧耳上方的头发，将其分为均等的三束发片。

04
由左向右进行三股单边续发编辫。

05
编至发尾，将发辫尾端向上提拉至刘海发包处，固定。

06
在右侧耳上方佩戴纯白色的头花，点缀造型。

造型提示

此造型适合圆形脸或方形脸的新娘。外翻拧包刘海及顶发区饱满的发包能很好地拉长脸形。刘海的高低可根据新娘的脸形来控制，后发区编发轮廓要圆润，在续发时，要根据头部轮廓来改变发辫提拉的高度与松紧度。

01
将刘海区的头发内扣，收起并固定。

02
将右侧发区的头发由前向后做拧绳续发至后发区中部，固定。

03
将左侧发区的头发向后做外翻拧转，收起并固定。

04
以同样的手法将剩余头发操作完成。

05
在后发区右侧佩戴头花，修饰发型轮廓。

06
在头顶处佩戴长形珠花，点缀造型。

造型提示

此款造型运用极为简单的内扣拧包、拧绳及外翻拧转手法操作而成。内扣刘海表面要干净，后发区外翻拧转的发片分配要均匀，碎发要处理干净。圆润的发型轮廓搭配别致的珠花，整体造型尽显新娘婉约甜美的浪漫气质。

01 将顶发区的头发做高耸拧包，收起并固定。

02 将左侧发区的头发由外向内拧转并固定至发包边缘。

03 另一侧以同样的手法操作。

04 将左侧耳后方一束发片做拧转并固定至枕骨处。

05 取右侧一束发片，以同样的手法操作。

06 继续以同样的手法将后发区的头发依次交叉拧转至发尾。

07 将剩余头发做圆润的卷筒，收起并固定。

08 在后发区佩戴头饰，点缀造型。

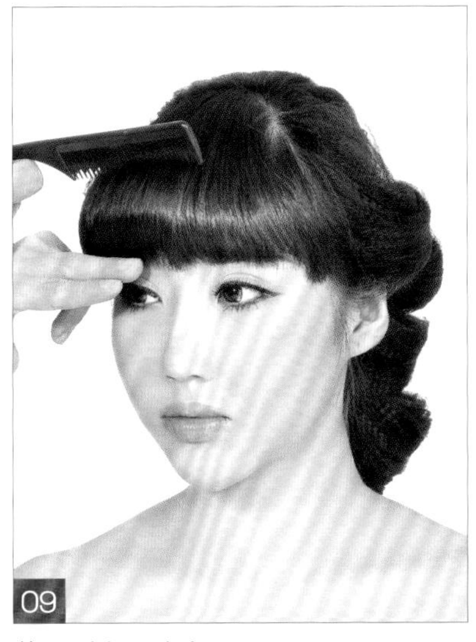
09 整理刘海区头发。

10 在头顶处佩戴皇冠。

造型提示

高耸的发包结合层次鲜明的卷筒组合盘发，端庄而优雅。重点需掌握后缀式的发髻，卷筒之间要排放得错落有致，并注意下卡子的牢固度。端庄优雅的韩式盘发结合齐刘海的搭配，使原本高贵的气质中多了一分甜美与俏丽。

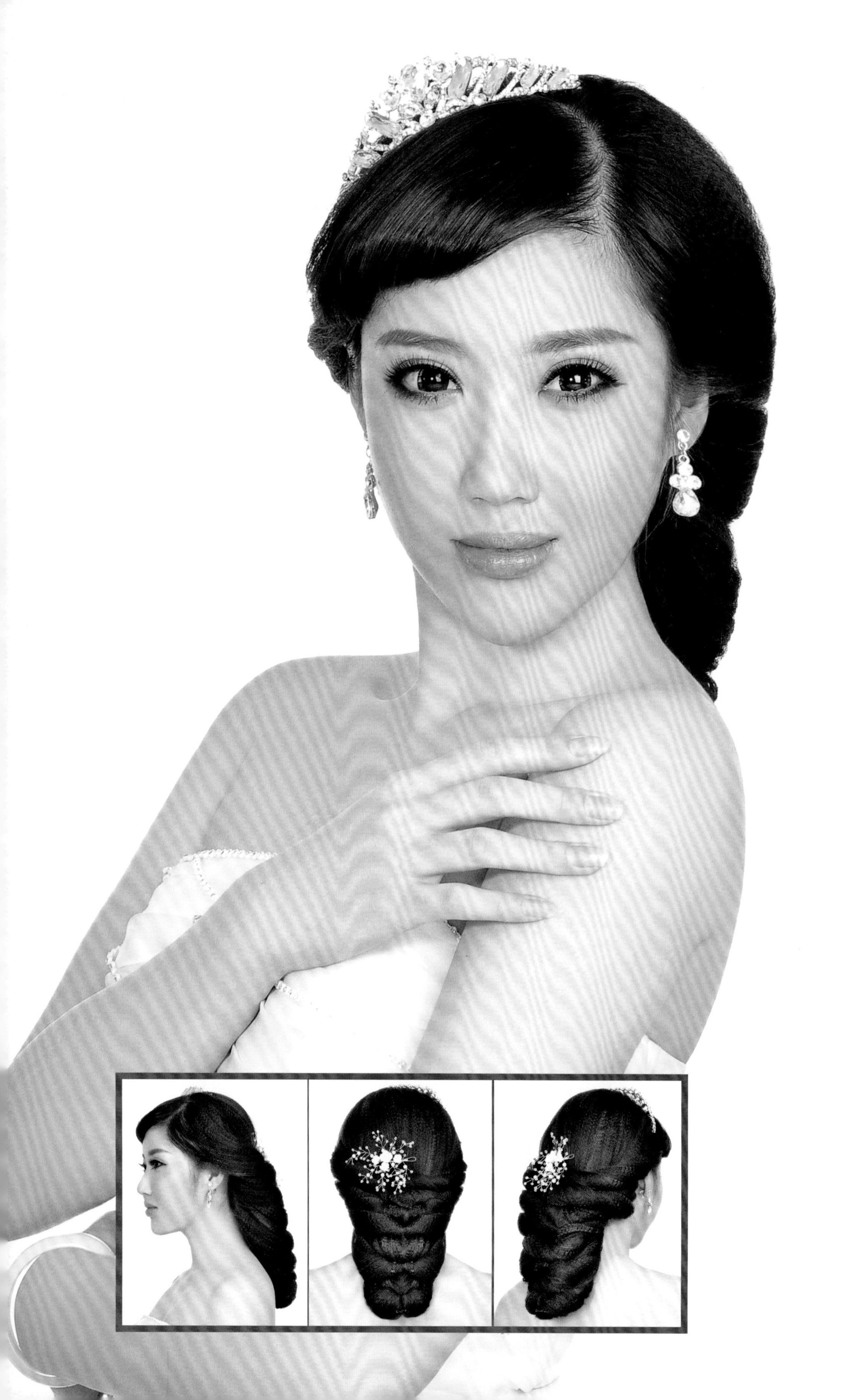

以眉峰为基准线分出刘海。

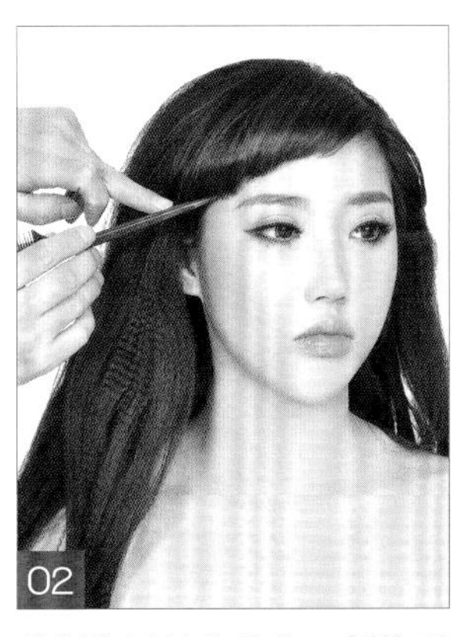

将刘海区的头发向一侧梳理干净。

将右侧发片向后方拧绳，提拉并固定。

依次以同样的手法处理三束发片。

另一侧以对称的方式操作。

将后发区右侧一束发片拧绳并提拉。

另一侧以同样的手法操作。

将剩余头发以同样的手法交叉完成。

将别致的珠花点缀在后发区。

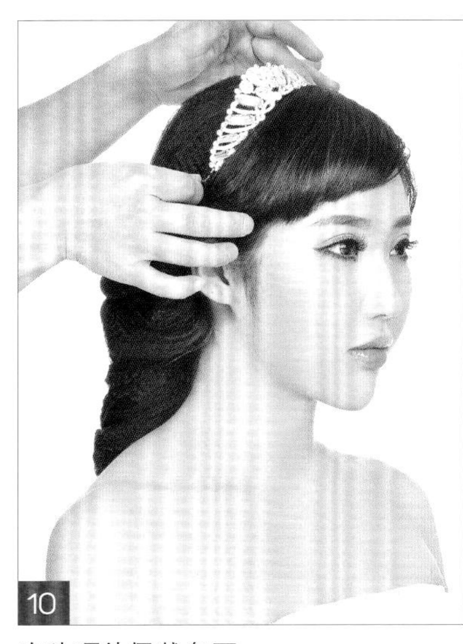

在头顶处佩戴皇冠。

造型提示

这是一款纹理清晰、层次鲜明的后缀式韩式盘发，通过交叉拧绳的手法操作而成。重点需掌握左右拧绳的松紧度，以及后发髻整体的对称度。偏侧的刘海结合精致的拧绳盘发，搭配皇冠、头花的点缀与衬托，整体造型极好地凸显出了端庄秀丽的韩式新娘风格。

以眉峰为基准线分出刘海区的头发，并从刘海一端分出均等的三束发片。

由上至下进行三股单边续发编辫。

编至发尾，将发辫向上提拉并固定。

由左侧发区开始向后进行三股单边续发编辫。

编至发尾，将发辫向左拧转并固定。

将蕾丝头饰斜向佩戴在顶发区。

造型提示

半圆轮廓的刘海发辫使得新娘显得甜美清新，同时能起到修饰脸形的作用。此刘海适用于脸庞轮廓较大或者喜爱田园风格的新娘。在编刘海发辫时要注意提拉角度的高低，以及发辫的干净程度，不宜有碎发。

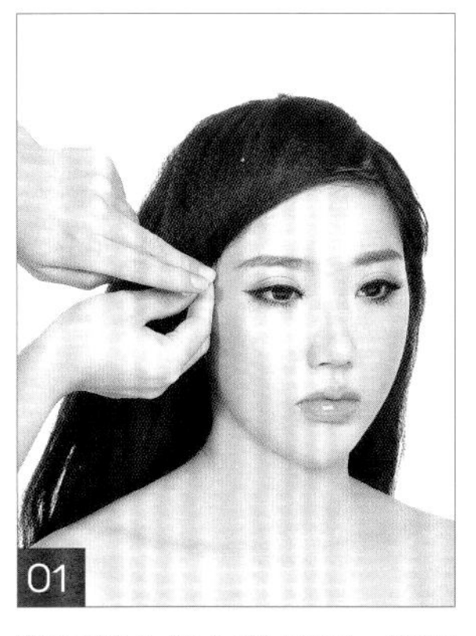

将顶部头发向前梳理，覆盖刘海,向内拧转,收起并固定。

取右侧的头发进行三股编辫处理。

将发辫由右向左提拉编辫。

编至发尾，并将发辫向内收起并固定。

将后发区左侧一束发片向右拧转并固定。

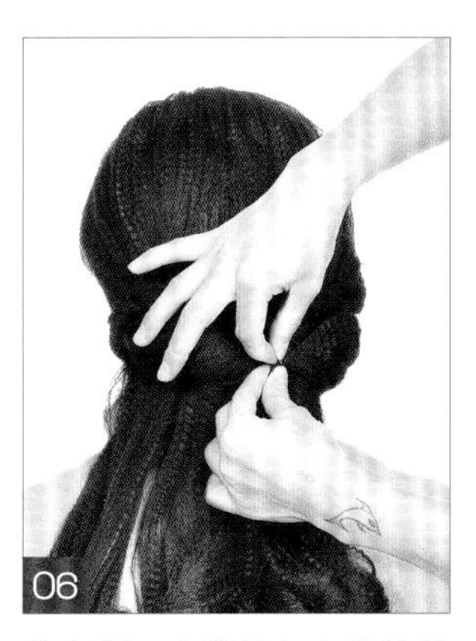

将右侧一束发片向左拧转并固定。

将左侧一束发片做三股编辫至发尾。

将发辫向内收起并固定。

用电卷棒将后发区的发尾头发烫卷。

将珠花头饰佩戴在后发区。

在前额左侧上方佩戴头饰。

造型提示

精致的编发结合交叉拧包，使后发髻层次鲜明，自然下垂的浪漫卷发更是为造型增添了一分浪漫与柔美。此造型的重点是内扣刘海的操作，内扣刘海不仅可以起到修饰脸形的作用，同时还可以使齐刘海新娘的发型产生变化。

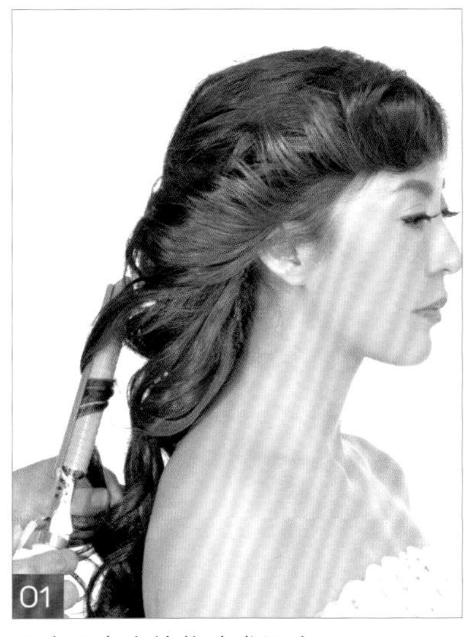

用中号电卷棒将头发烫卷。

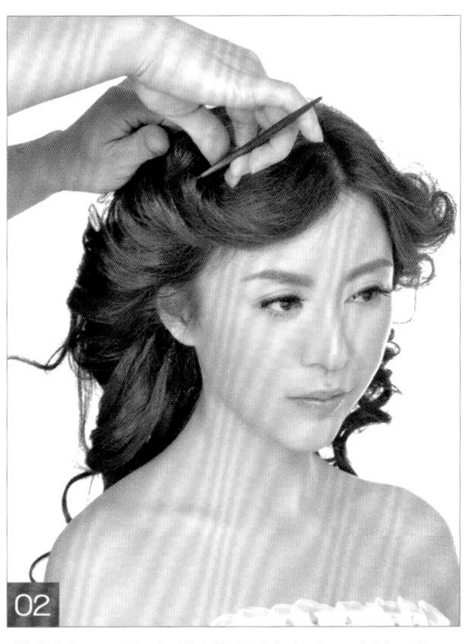

将刘海区的头发进行外翻打毛处理。

将顶发区的头发由后向前打毛。

调整出发丝纹理并下卡子固定。

将右侧的头发由外向内拧转，收起并固定。

将左侧的头发由外向内拧转并固定。

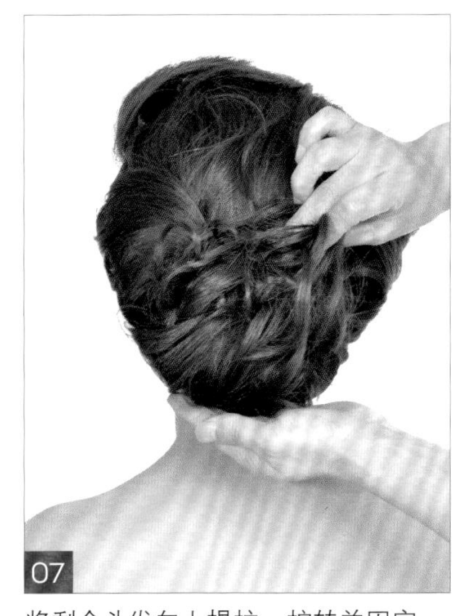

将剩余头发向上提拉，拧转并固定。

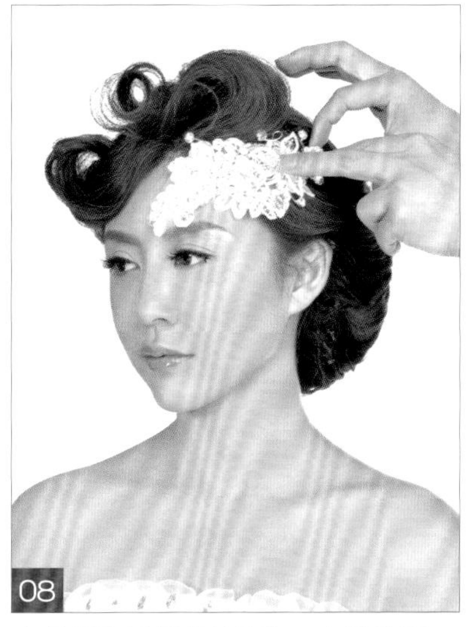

在前额处佩戴蕾丝头饰，点缀造型。

造型提示

时尚外翻的刘海，发丝纹理清晰，线条动感，结合后发区简洁的拧包盘发，凸显出时尚动感的气息。重点需掌握顶发区发片与刘海的自然衔接，不可脱节，后发区左右两侧的拧包轮廓要圆润、对称。此造型非常适合喜爱时尚简约风格的新娘。

01 用电卷棒将所有头发烫卷。

02 将顶发区的头发根部做打毛处理。

03 将左侧的头发向枕骨处提拉，拧转并固定。

04 继续取左侧耳后方的头发，向右侧拧转并固定。

05 以同样的手法继续操作。

06 将右侧发区的头发进行外翻拧转并固定。

07 将纯白色的头花佩戴在右侧发髻处。

造型提示

飘逸浪漫的卷发，总能很好地将新娘柔美可人的一面凸显出来。在操作时需注意左侧拧包的光洁与圆润程度，碎发要收干净。右侧的外翻拧包可根据脸形的特点来控制轮廓，长脸新娘外翻拧包可以宽些，反之则窄些。

用电卷棒将所有头发进行外翻烫卷。

将刘海进行 4/6 分区，将右侧刘海外翻并打毛。

将右侧刘海区的头发在顶发区摆放出有弧度的轮廓。

用尖尾梳的尾端调整出发丝纹理。

将右侧的头发沿着发卷纹理进行整理。

将左侧的头发以同样的方法进行整理，将头发合并在一起，做拧绳处理。

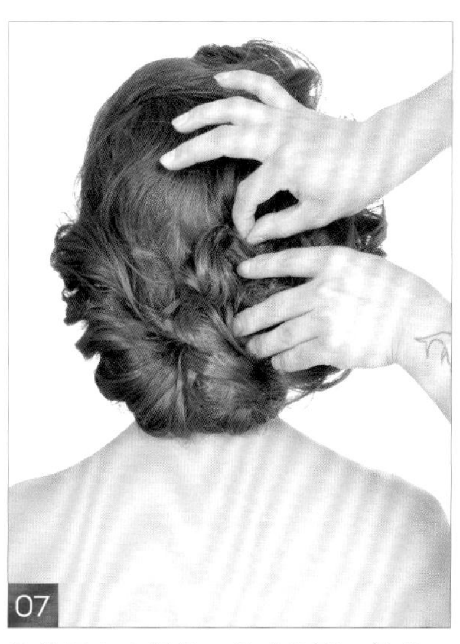

将拧绳向上提拉，做成发髻，将其固定在枕骨下方。

将珍珠发卡点缀在后发区。

佩戴羽毛头饰，点缀造型。

造型提示

这是能够体现发丝纹理的一款造型，无论是蓬松自然的刘海，还是后发区盘起的发髻，都有极强的纹理感。操作过程中，需掌握烫发时发卷的走向及打毛的程度。乱中有序的刘海发丝结合柔美纯洁的羽毛头饰，使整体造型凸显出了时尚动感的气息。

将头发分为左侧发区、刘海区及后发区。

将后发区的头发束偏侧马尾扎起。

将发尾头发编蝎子辫至发尾。

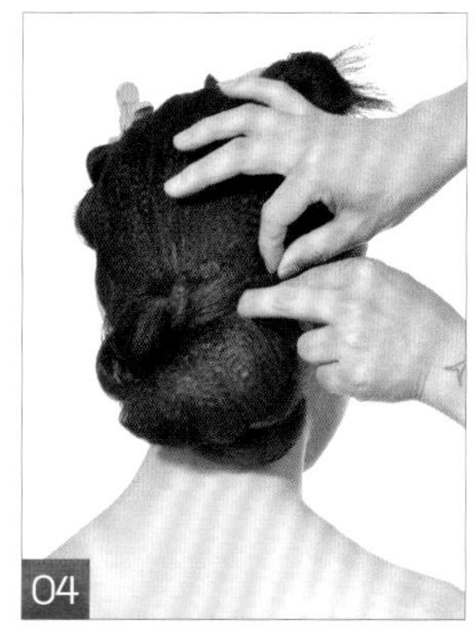

将发辫缠绕成偏侧发髻。

将左侧发区的头发做三股编辫至发尾。

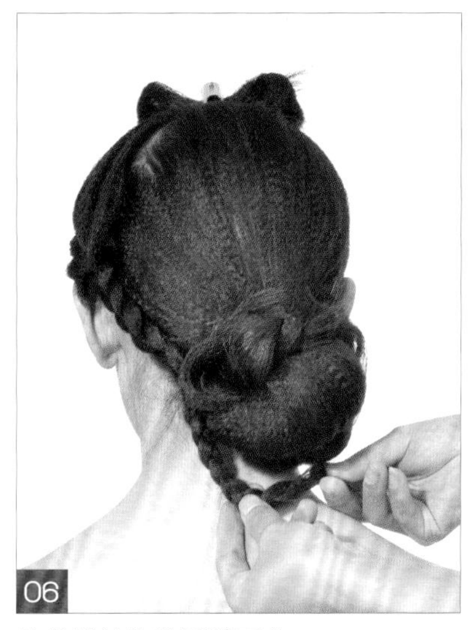

将发辫缠绕发髻并固定。

将刘海区的头发向一侧进行三股单边续发编辫。

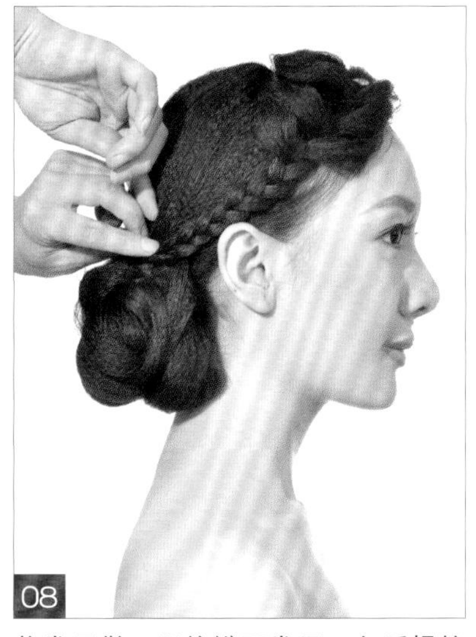

将发尾做三股编辫至发尾，向后提拉并固定。

在右侧发髻上方佩戴白色绢花，点缀造型。

造型提示

此款造型运用了当下流行的韩式编辫手法操作而成，刘海发辫在编发过程中要呈现蓬松状态，续发时，发片要向外提拉。偏侧的低发髻、柔美的发辫刘海搭配素雅点缀的绢花，整体造型尽显新娘娟秀娴静的气质。

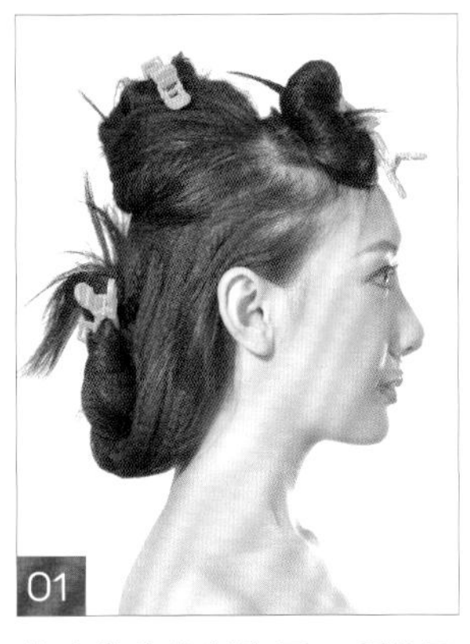

将头发分为刘海区、顶发区及后发区。

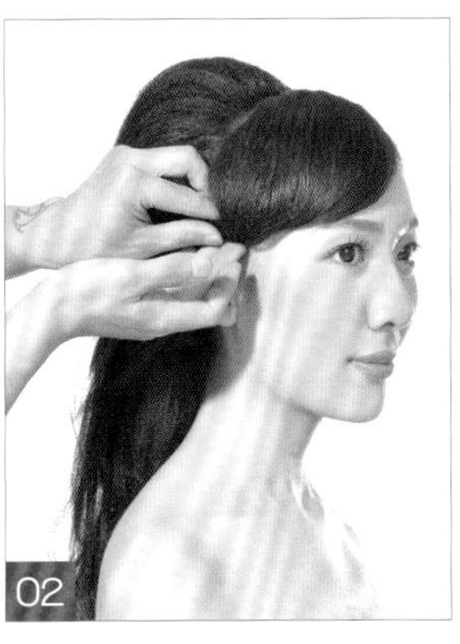

将刘海区的头发内扣拧转，收起并固定。

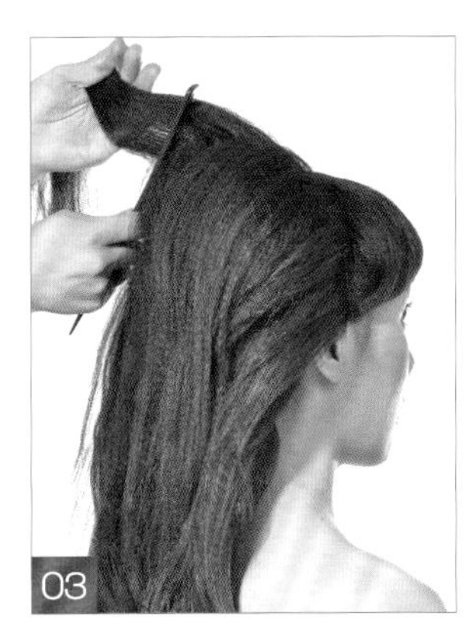

将顶发区的头发根部做打毛处理。

将顶发区的头发做饱满发包，收起并固定。

将右侧一束发片由右向左提拉至枕骨处并固定。

将左侧一束发片由左向右提拉并固定。

依次将左侧的头发向右提拉并固定至尾端。

将右侧的头发沿着发髻边缘拧转并固定。

将剩余发尾拧转。

将发尾向内收起并固定。

在后发区枕骨处佩戴珍珠发卡，同时在头顶佩戴皇冠。

造型提示

高贵饱满的盘发总能很好地凸显新娘的优雅气质，后缀式的韩式拧包纹理清晰，层次鲜明。重点需掌握顶发区发包的饱满圆润度，打毛时需将根部头发打毛到位，否则无法塑造高耸饱满的轮廓。

将头发分为刘海区、顶发区及后发区。

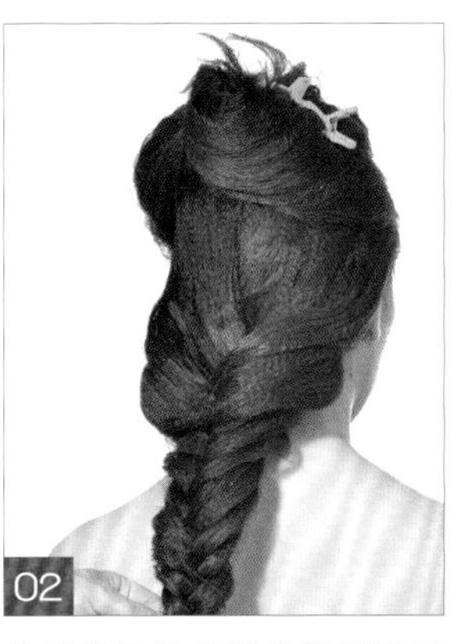

将后发区的头发编蝎子辫至发尾。

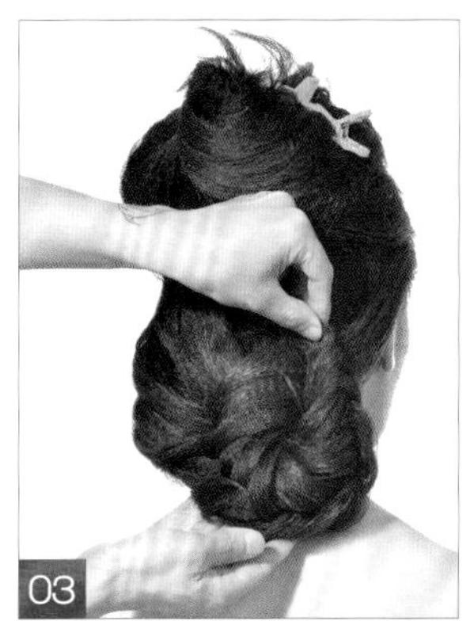

将发辫向一侧提拉并固定。

将顶发区的头发做饱满的拧包，收起并固定。

将发尾头发编蝎子辫至发尾。

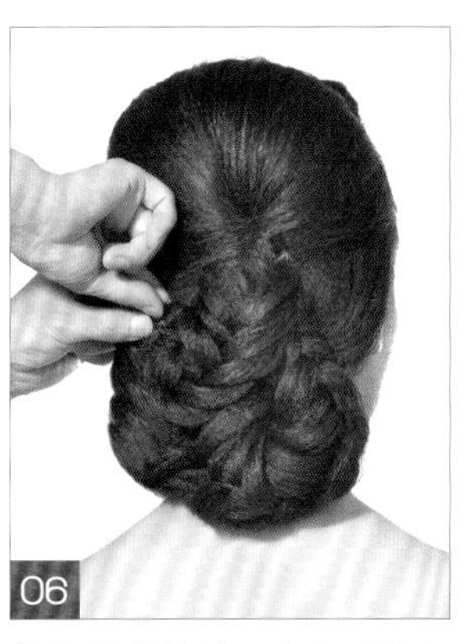

将发辫拧转并固定在后发区枕骨下方。

将刘海做中分处理。

将左侧刘海向后拧绳，提拉并固定。

另一侧手法同上。

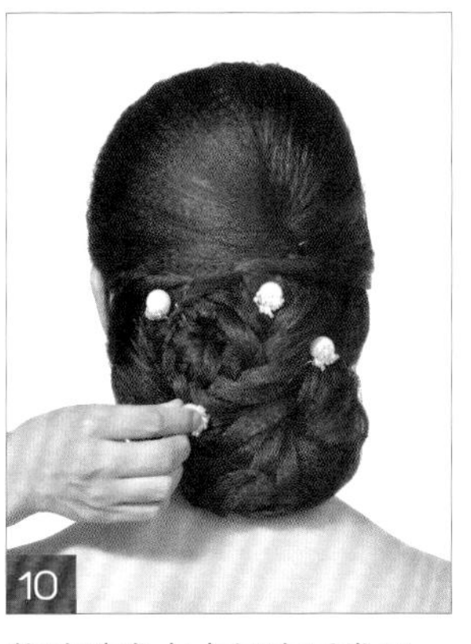

将珍珠发卡点缀在后发区。

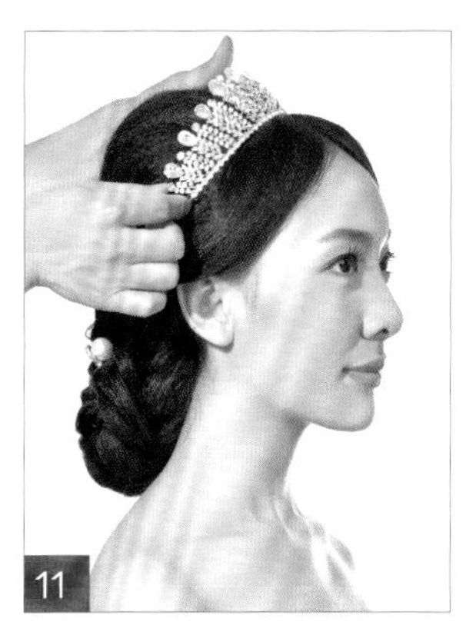

将华丽的皇冠佩戴在头顶。

造型提示

中分的刘海加上高耸的包发凸显出新娘的女王气质，后发髻的韩式编发处理使得造型更富层次感。重点需掌握后发区发辫的光洁度与纹理感，同时顶发区发包的圆润饱满轮廓也是决定此造型整体效果的关键。

将头发分出后发区、刘海区及顶发区。

将顶发区的头发在右侧束低马尾，将后发区的头发在左侧束低马尾。

将顶发区的马尾头发编蝎子辫至发尾。

将发辫向上缠绕，做成发髻并固定。

将后发区的马尾分成三束均等发片，将发片向上翻转并固定。

将剩余发片有层次地拧转并衔接固定。

将刘海区的头发做三股编辫至发尾。

将发辫向后提拉并固定。

将精致的蝴蝶发卡点缀在后发区，在头顶佩戴皇冠。

造型提示

拧转发髻层次鲜明，纹理清晰。在操作过程中，为使发髻光洁，可在每束发片上涂抹少量发蜡，并以叠加的手法处理。简洁的后缀式发髻结合清新的刘海编发，搭配皇冠头饰的点缀，整体造型尽显新娘时尚简约、俏丽甜美的气质。

01

用中号电卷棒将所有头发烫卷。

02

分出三角形刘海区。

03

将刘海区的头发根部做打毛处理。

04

将发尾向内收起，做拧包并固定。

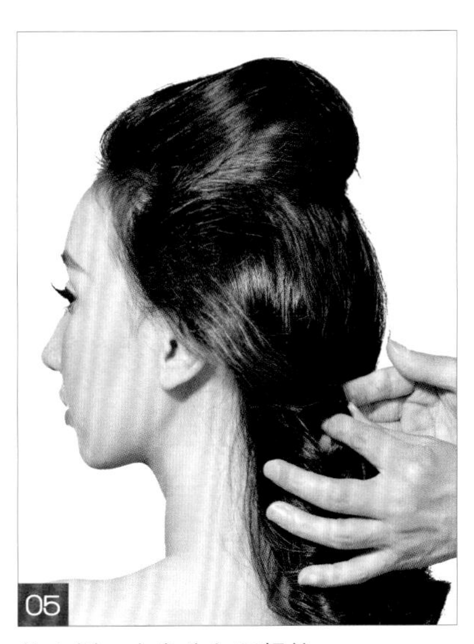
05

将左侧一束发片向后提拉。

06

将右侧一束发片向后提拉并固定。

07

佩戴满天星，烘托造型整体效果。

造型提示

微耸的包发不仅能提升气质，还起到了修饰脸形的作用。乌黑的卷发搭配洁白的满天星，尽显新娘时尚简约、浪漫甜美的气质。

01

将头发分为刘海区及后发区。

02

将头顶的头发做打毛处理，并取左侧一束发片，做拧包，收起并固定。

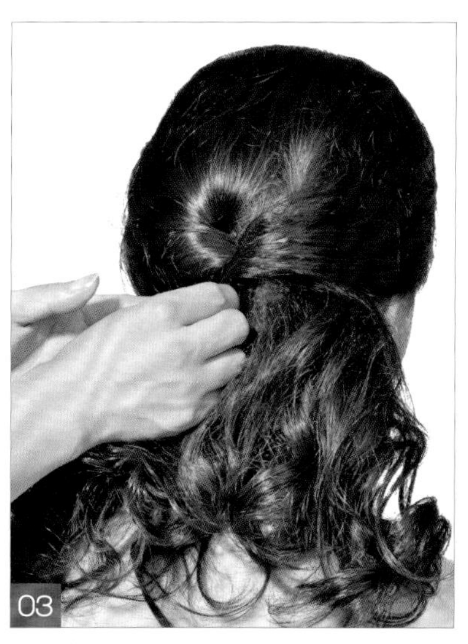
03

另一侧手法同上。

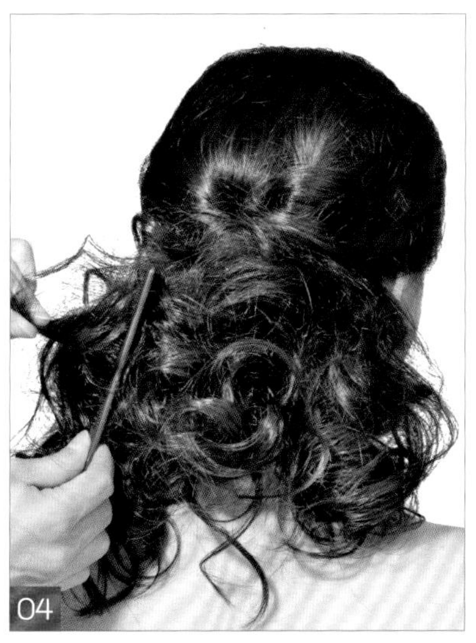
04

将后发区的头发烫卷并做打毛处理。

05

将发片蓬松自然地向上提拉并固定。

06

将剩余头发以同样的手法操作完成。

07

将刘海区的头发进行打毛处理，并整理出发丝纹理。

08

将满天星堆砌点缀在头顶处。

造型提示

凌乱有序的发丝纹理、动感外翻的刘海，搭配皇冠式的鲜花，尽显新娘的甜美公主范儿。此造型重点强调发髻蓬松的动感，纹理清晰并有透气感。在操作时，发片的提拉拧转不宜太紧。

用中号电卷棒将头发烫卷。

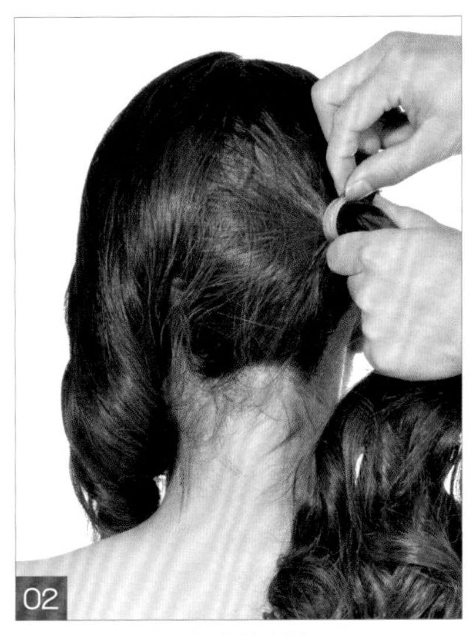

将后发区的头发束偏侧中马尾。

从发尾中取一束发片，拧转并固定。

将剩余头发由右向左、由下向上提拉并固定。

将左侧的头发向后做拧绳处理。

将拧绳沿着发髻边缘缠绕并固定。

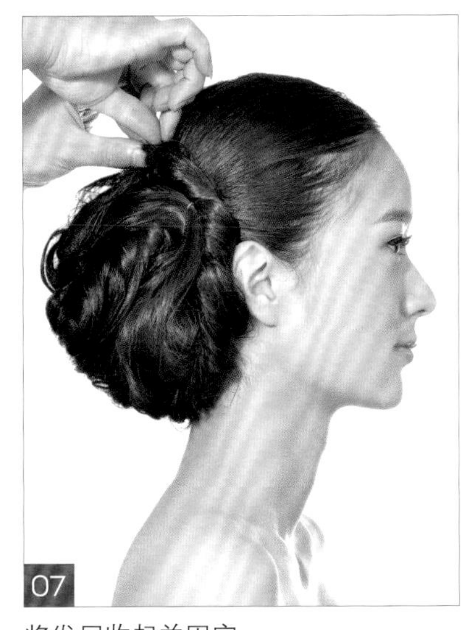

将发尾收起并固定。

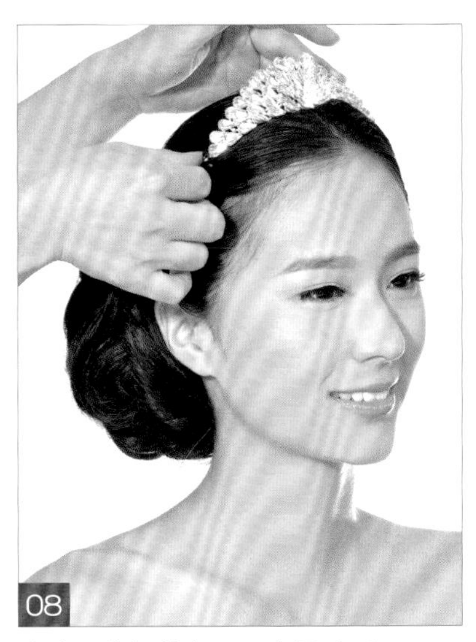

在头顶处佩戴皇冠，点缀造型。

造型提示

此造型利用束马尾及拧绳手法操作而成，偏侧优雅的发髻搭配精致的皇冠，尽显新娘端庄雅致的迷人气质。

01 将头发根部做玉米烫处理，将发尾烫卷。

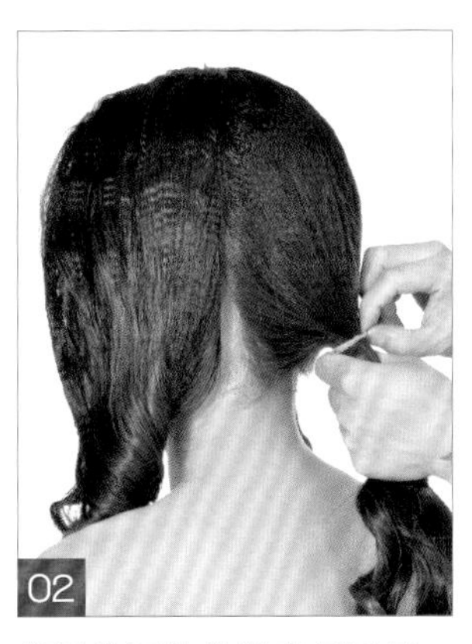
02 将后发区的头发束低马尾。

03 将发尾头发进行三股编辫至发尾。

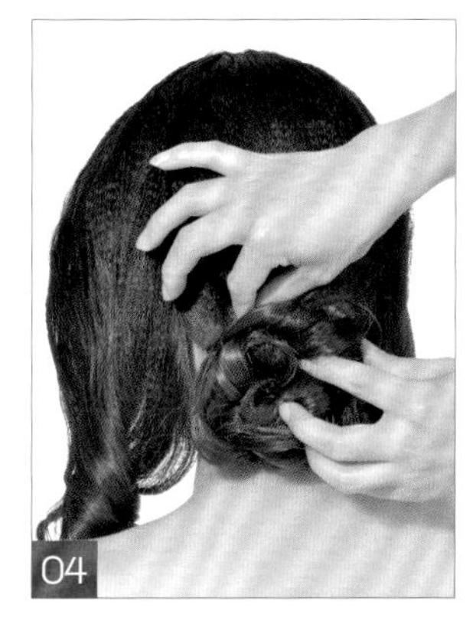
04 将发辫向左侧提拉，拧转并固定。

05 将左侧发区的头发向后拧转，提拉并固定。

06 将右侧发区的头发向后提拉，拧转并固定。

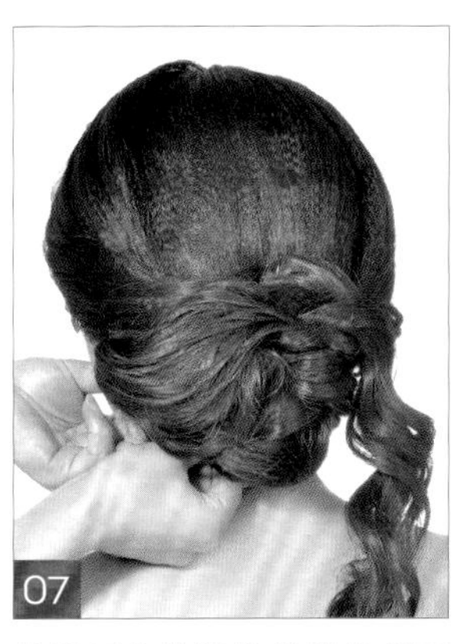
07 将发尾头发沿着发卷纹理覆盖发髻并固定。

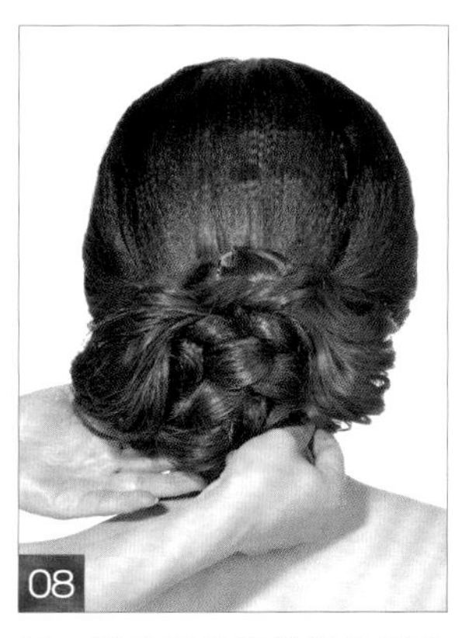
08 另一侧发尾头发的操作手法同上。

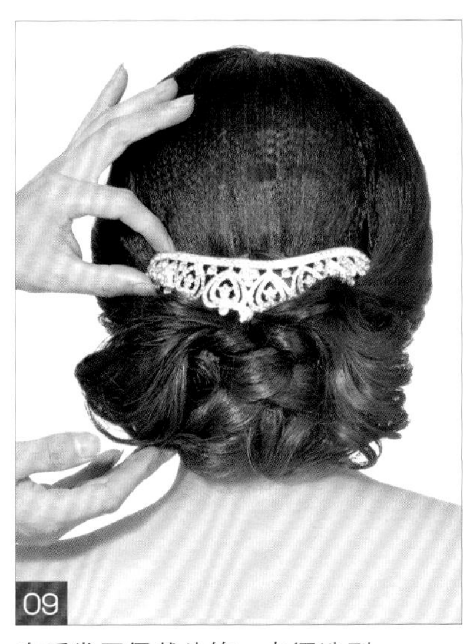
09 在后发区佩戴头饰，点缀造型。

10 在前额佩戴吊坠头饰。

造型提示

这是一款低发髻盘发造型，讲究左右对称性及轮廓的圆润饱满程度，根部玉米烫的处理，可使发型轮廓呈现饱满状态，搭配吊坠饰品的点缀，整体造型凸显出新娘典雅高贵的风格。

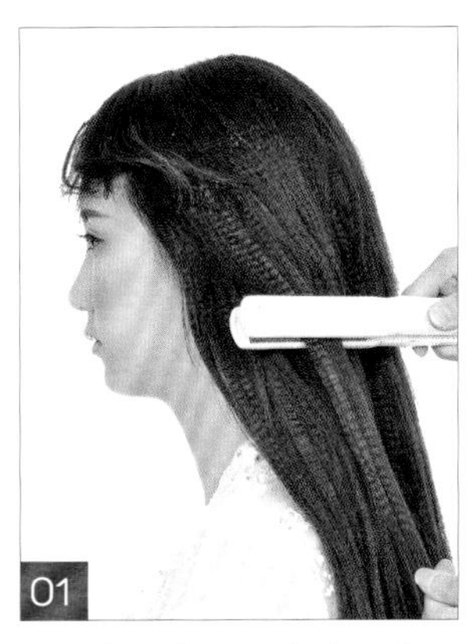

将所有头发用玉米夹烫卷。

取顶发区一束发片，做三股编辫至发尾，用皮筋固定。

取左侧一束发片，向后发区中部拧转并固定在发辫上。

右侧以同样的手法操作。

继续依次取左右发片，交叉拧转并固定。

将剩余头发由右向左、向上提拉并拧转。

将发尾衔接左侧发髻边缘固定。

将珍珠发卡佩戴在后发区。

将刘海做外翻处理。

将头饰佩戴在额头右侧。

造型提示

交叉拧转手法是韩式造型常用的手法之一。层次鲜明的后缀式发髻搭配时尚感极强的外翻刘海，再加上精美的头饰，完美地烘托出了新娘端庄而时尚的韩式风格。

将顶发区的头发由左向右进行三股续发编辫。

由上至下编至发尾。

取左侧一束发片，做拧绳处理并固定。

继续以同样的手法操作。

将剩余头发进行三股编辫至发尾。

将发辫向上盘起并固定。

将顶发区的发辫沿着内侧发辫衔接并固定。

将刘海区的头发向后拧转，衔接并固定。

将头饰点缀在后发区发髻处。

将珍珠头花佩戴在前额右侧。

造型提示

精致的韩式编发搭配纹理清晰的拧绳盘发，清新雅致而富有时尚感。重点需掌握顶发区三股续发编辫时的提拉角度，同时左侧拧绳的分区线要清晰笔直。加上精美头饰的点缀，整体造型呈现出新娘俏丽甜美、时尚恬静的气息。

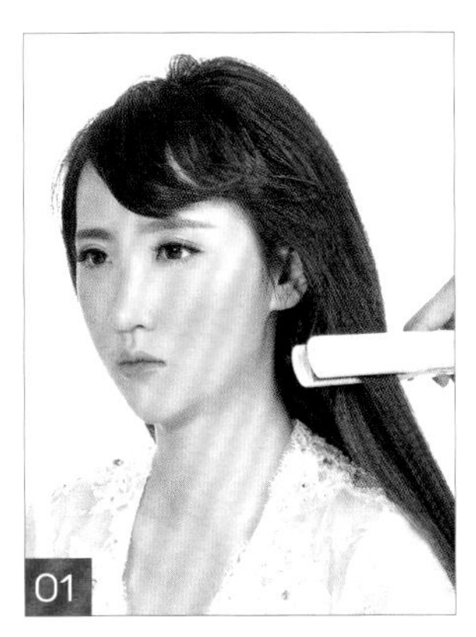
将头发用玉米夹烫卷。

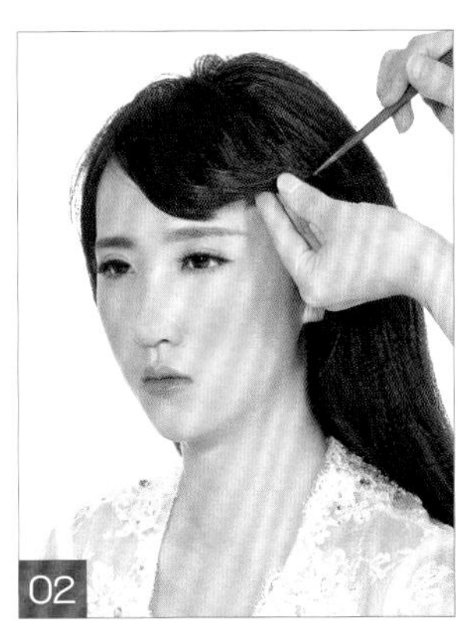
将刘海区的头发进行整理。

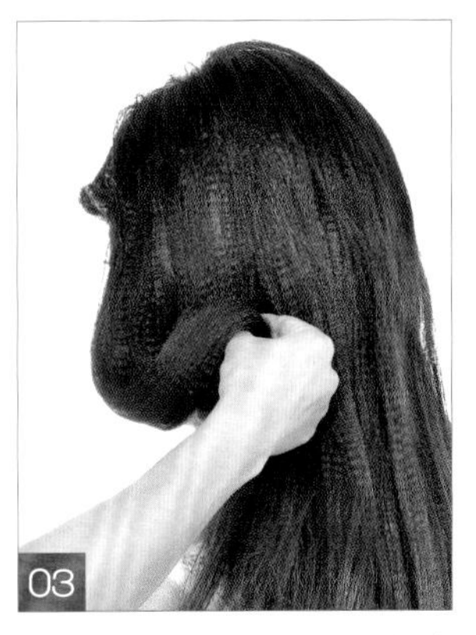
将左侧的头发向上拧转并固定。

取后发区一束发片，由后向前拧转并固定。

将剩余发尾做卷筒状，收起并固定。

将剩余头发向左侧梳理，做外翻拧转，收起并固定。

将发尾做卷筒，收起并固定。

整理卷筒的形状与轮廓。

在左侧发髻处佩戴洁白的头花。

造型提示

偏侧式的发髻总能体现出女人风情万种的韵味，错落有序的卷筒组合加上头花的衬托，尽显新娘妩媚温柔的气质。需注意卷筒与卷筒之间错落有序的摆放，同时卷筒要光洁圆润。

取右侧一束发片，做拧绳处理并固定在枕骨处。

将左侧一束发片以同样的手法操作。

将后发区的头发编蝎子辫至发尾。

将发尾向内拧转并固定。

将刘海向后外翻提拉，拧转并固定在顶发区处。

将皇冠佩戴在后发区。

在前额佩戴头饰，点缀造型。

造型提示

后缀式的蝎子编发造型优雅而柔美，结合高耸的刘海，能够提升新娘的气质。可根据新娘脸形的特点来控制刘海的高低，脸形偏长可压低刘海，反正则拉高。清爽光洁的编发搭配花朵状的头饰，尽显新娘清新甜美的气质。

将刘海区的头发向左侧拧转并固定。

将左侧的头发做外翻拧转并固定。

继续以同样的手法操作至后发区右侧下方。

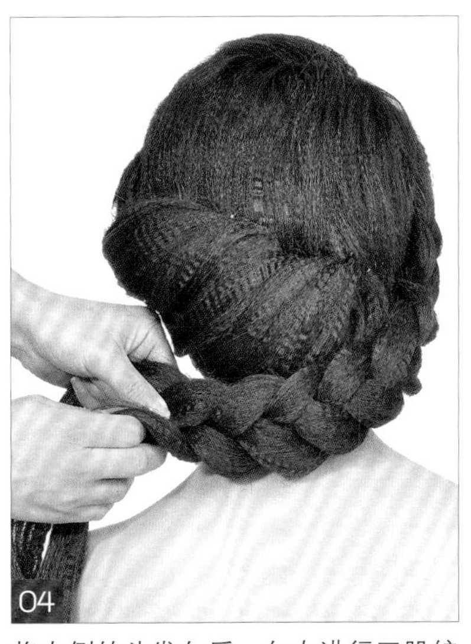

将右侧的头发向后、向右进行三股编辫至发尾。

将发辫向左上方提拉并固定。

将精美的头饰佩戴在后发区。

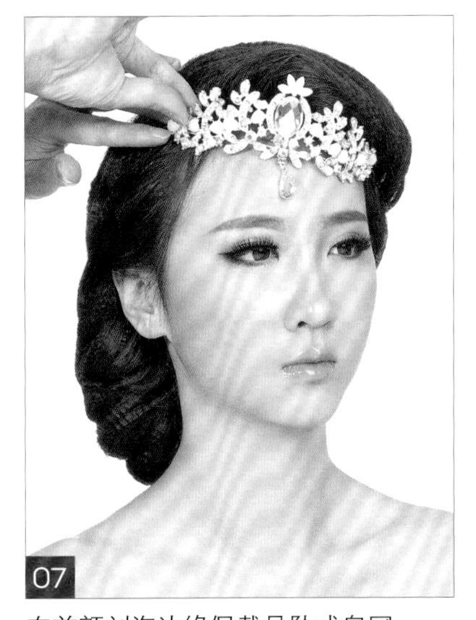

在前额刘海边缘佩戴吊坠式皇冠。

造型提示

此款造型运用外翻拧转及三股编辫手法组合而成，圆润光洁的拧包、轮廓清晰的编发搭配后发区精美的头饰，造型多样、层次鲜明，再加上高耸内扣刘海与前额吊坠式皇冠，整体造型凸显出新娘甜美俏丽、优雅高贵的气质。

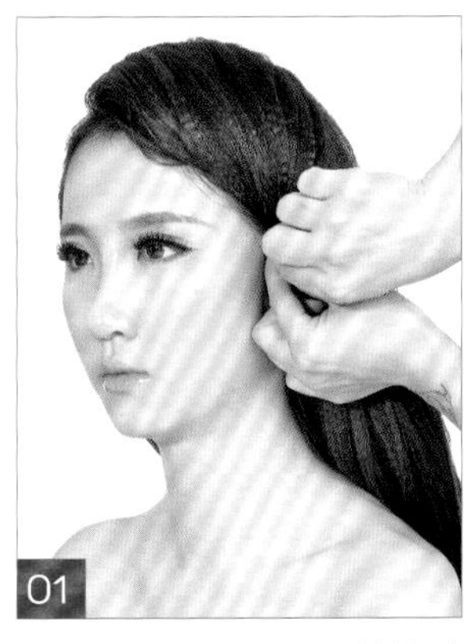
01
将刘海区的头发内扣拧转并固定在左侧耳上方。

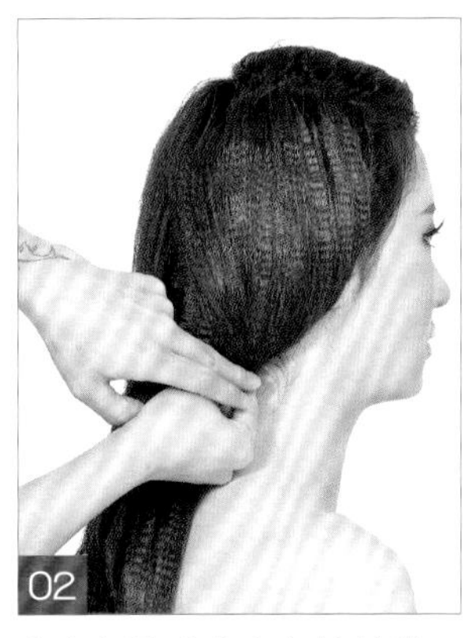
02
将右侧的头发内扣拧转并固定在后发区右侧下方。

03
取左侧一束发片，外翻拧转并固定在枕骨处。

04
取右侧一束发片，向左侧提拉，拧转并固定。

05
取左侧一束发片，向右拧转并固定。

06
继续取右侧一束发片，向左拧转并固定。

07
继续以同样的手法操作。

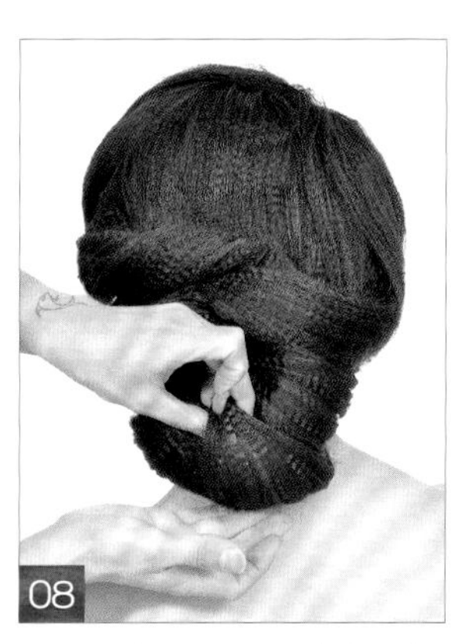
08
将剩余发尾向上翻转并固定。

09
在后发区点缀珍珠头饰。

10
在前额右侧佩戴头饰。

造型提示

内扣的手法使发型整体轮廓光洁圆润。后发区左右交叉的拧转盘发层次鲜明，端庄优雅。整体造型既有复古的味道，同时又体现出了韩式新娘造型的风格。

分出刘海区头发并将其向前梳理。

将头发以手指为轴心内扣拧转并固定。

将发尾做拧绳处理，将其沿着分区线覆盖并固定。

取左侧的头发，向顶发区右侧拧转并固定。

将剩余头发由右向左做拧包收起。

将发尾做卷筒状，收起并固定。

将别致的碎花头饰点缀在后发区发髻上。

在前额佩戴珠花，点缀造型。

造型提示

此款造型运用单一拧转包发手法操作而成。饱满的毡帽式刘海时尚个性，同时能起到修饰脸形的作用，搭配后发区简洁大气的拧包盘发，整体造型尽显新娘时尚典雅的独特气质。

01
将刘海区的头发分出数个发片，有层次地摆放并固定。

02
将左侧发区的头发做成有层次的卷筒并固定。

03
以同样的手法操作至后发区左侧下方。

04
由右侧发区开始向后进行三股单边续发编辫。

05
编至发尾，将发辫对折。

06
将发辫沿着卷筒上方衔接固定。

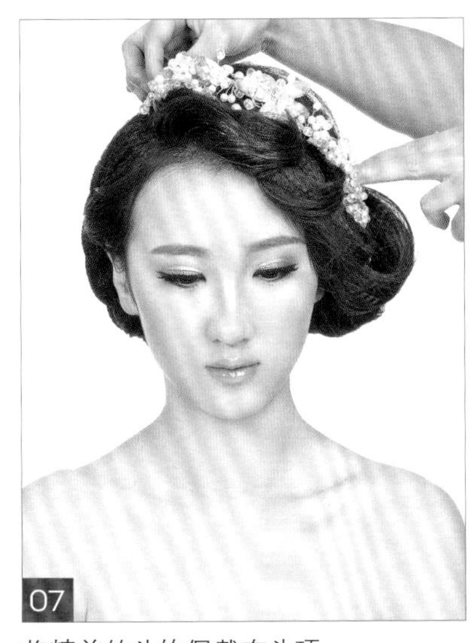
07
将精美的头饰佩戴在头顶。

造型提示

偏侧婉约的卷筒盘发，层次鲜明的刘海处理，搭配精致流畅的续发编发，无不透露着新娘娴静甜美的娇羞气质。在操作过程中，需注意刘海发片的间距及摆放的弧度轮廓，以及后发区卷筒与发辫的完美衔接。

将刘海区的头发做随意蓬松的拧包，收起并固定。

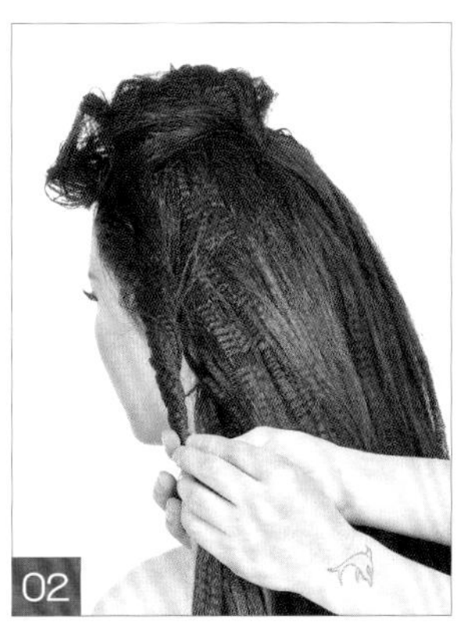
取左侧发区一束发片，做拧绳处理。

将拧绳向上提拉至头顶，将其固定。

继续以同样的手法处理左侧发区的头发。

右侧发区以同样的手法操作。

将后发区剩余头发编蝎子辫至发尾。

将发辫向上提拉，拧转并固定在枕骨处。

将头花佩戴在后发区发髻处。

在前额右侧佩戴头花，点缀造型。

造型提示

此款造型运用拧包、拧绳及蝎子编发手法组合而成。高耸的刘海拧包蓬松饱满，线条纹理清晰，双侧简洁的拧绳使造型显得大气干净，结合后发区精致的编发，为原本高贵的发型增添了一分细腻与柔美。

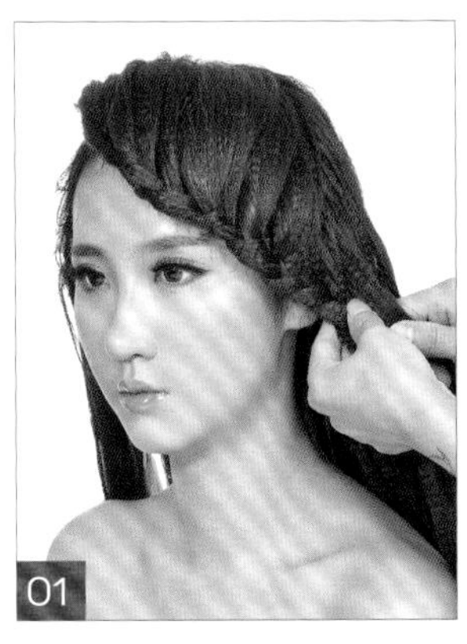
01 将刘海区的头发向左侧进行三股单边续发编辫。

02 编至左侧耳上方进行转弯。

03 横向进行三股单边续发编辫至后发区右侧。

04 将剩余头发向左进行三股编辫至发尾。

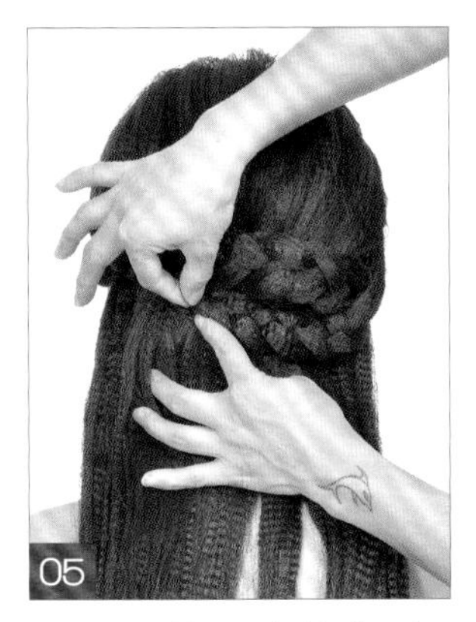
05 将发辫向枕骨处提拉并固定。

06 取左侧的头发，向右侧拧转并固定。

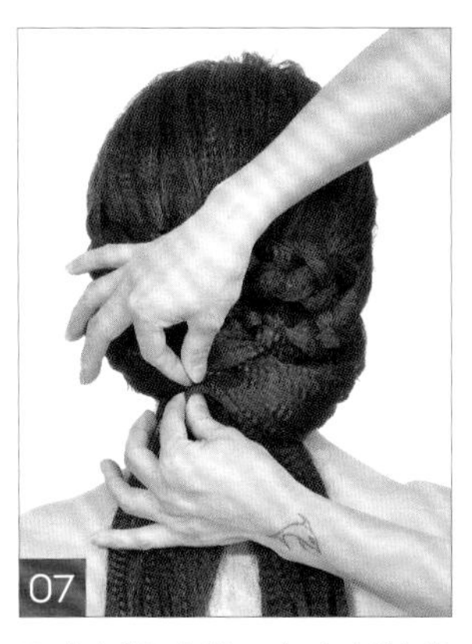
07 取右侧的头发，向左侧拧转并固定。

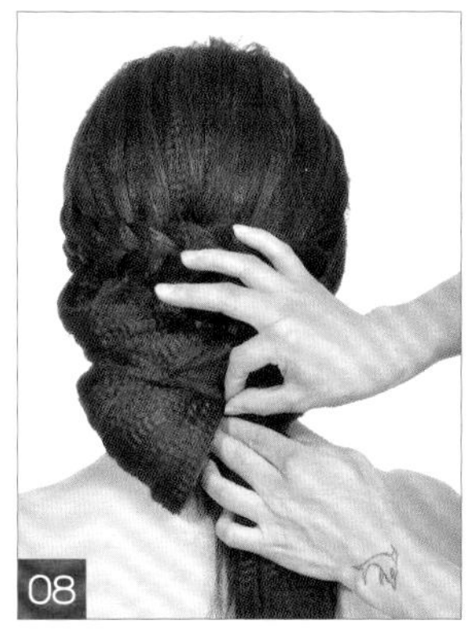
08 将左侧的头发向上做卷筒，衔接固定。

09 将发尾头发向上做卷筒，收起并固定。

10 在后发区发髻处佩戴珠花，点缀造型。

造型提示

精致的编发刘海总能给人带来清新甜美的感觉，后缀式的卷筒盘发娴静而优雅，两者相结合，整体造型完美地凸显出了新娘端庄清新的小女人气质。操作时，重点需注意刘海编发的弧度轮廓及后发区卷筒衔接的牢固度。

01
将顶发区的头发做高耸拧包，收起并固定。

02
将刘海区的头发做三股单边续发编辫。

03
将发尾做三股编辫，将其盘转后固定在后发区枕骨处。

04
取右侧一束头发，向后拧转并固定。

05
取后发区左侧一束头发，向上拧转并固定。

06
将发尾进行连续拧转并固定。

07
取后发区右侧发片，向中部拧转并固定。

08
取后发区左侧的头发，做卷筒收起并固定。

09
将剩余头发做卷筒，收起并固定。

10
佩戴头饰，点缀造型。

造型提示

高耸的顶发区拧包能很好地提升新娘的气质，同时也能起到拉长脸形的作用。偏侧的刘海编发精致柔美，搭配别致的珠花，整体造型尽显新娘时尚优雅、婉约甜美的气质。

01 将顶发区的头发做拧包，收起并固定。

02 用电卷棒将刘海区的头发做外翻烫卷。

03 将刘海区的头发沿着发卷纹理做卷筒，收起并固定。

04 将左侧的头发向枕骨处提拉，拧转并固定。

05 继续以同样的手法操作。

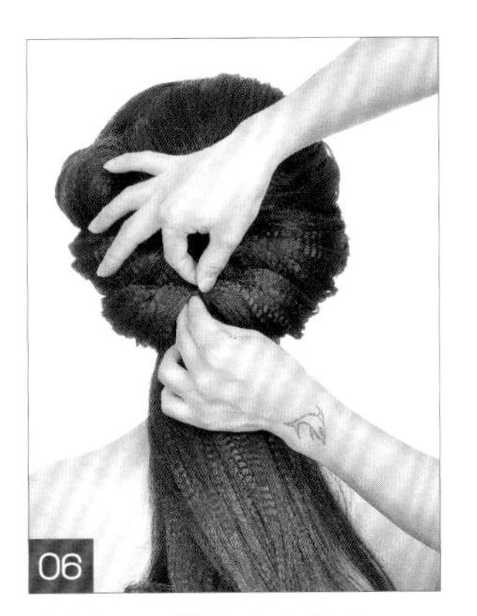
06 右侧以同样的手法操作。

07 从后发区的头发中分出一束发片，向上做卷筒，收起并固定。

08 将发尾头发烫卷。

09 在后发区发髻处佩戴头饰。

10 将珍珠蕾丝头饰佩戴在头顶。

造型提示

此造型运用烫发、卷筒手法操作而成，重点需掌握刘海外翻的角度及披散卷发的卷曲度，发尾的发卷只需有少许的卷度即可。外翻的刘海、复古别致的卷筒结合浪漫的披散卷发，体现出新娘娇俏含羞、浪漫可人的气质。

将刘海区的头发向一侧梳理干净，拧转后固定在耳上方。

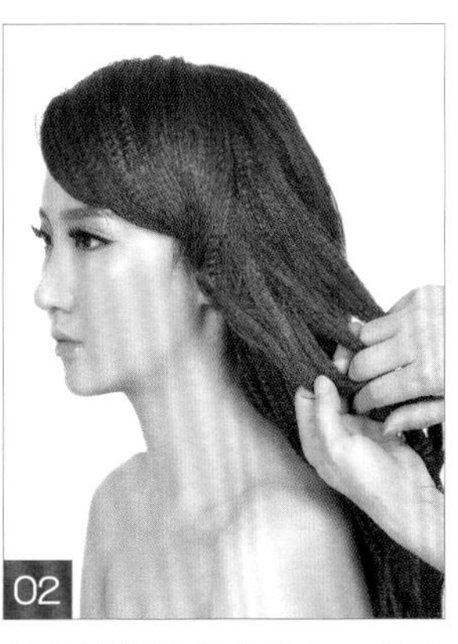

从左侧的头发中分出三份均等发片。

向后做三股单边续发编辫。

将发辫由下向上提拉并编辫。

编至右侧耳下方转弯。

由右向左、由上向下编发至发尾。

将发辫盘绕固定在后发区左侧。

佩戴头饰，点缀造型。

将蕾丝饰品佩戴在前额处。

造型提示

此造型运用当下流行的韩式编发手法操作而成。重点需掌握发辫续发时的发量，同时发型的轮廓由发辫提拉的角度决定，可根据新娘脸形的特点来控制其饱满程度。精致婉约的编发搭配蕾丝饰品，整体造型尽显新娘俏丽恬静的气质。

01 将左侧的头发分出均等三份发片。

02 进行三股续发编辫至发尾。

03 由刘海处开始向后进行三股单边续发编辫至发尾。

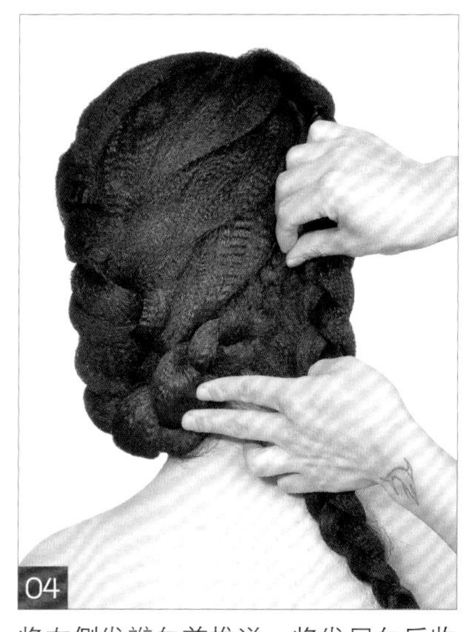
04 将左侧发辫向前推送，将发尾向后收起并固定。

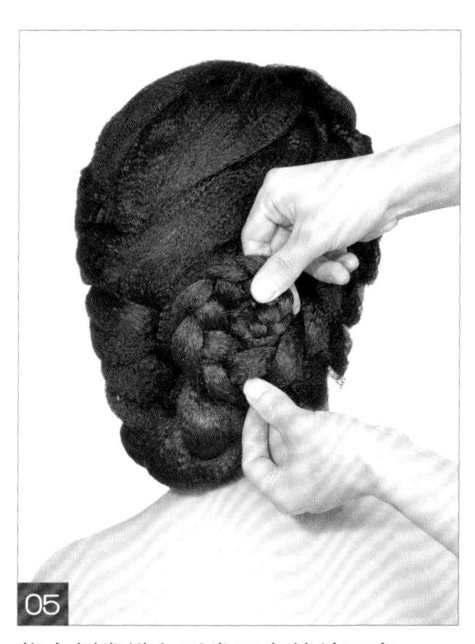
05 将右侧发辫向后发区盘转并固定。

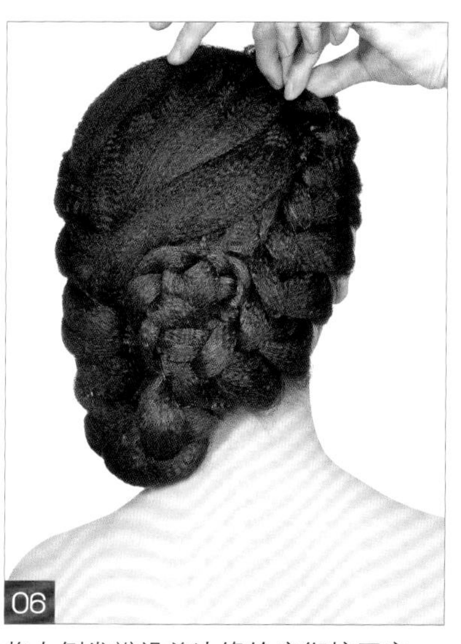
06 将右侧发辫沿着边缘轮廓衔接固定。

07 在前额佩戴头饰，点缀造型。

造型提示

此造型运用常用的韩式编发手法操作而成，偏侧的发髻温婉端庄，纹理清晰的精致发辫搭配别致的珠花，尽显新娘简洁大方、优雅端庄的气质。

将右侧的头发由刘海开始进行三股单边续发编辫至发尾。

另一侧以同样的手法操作。

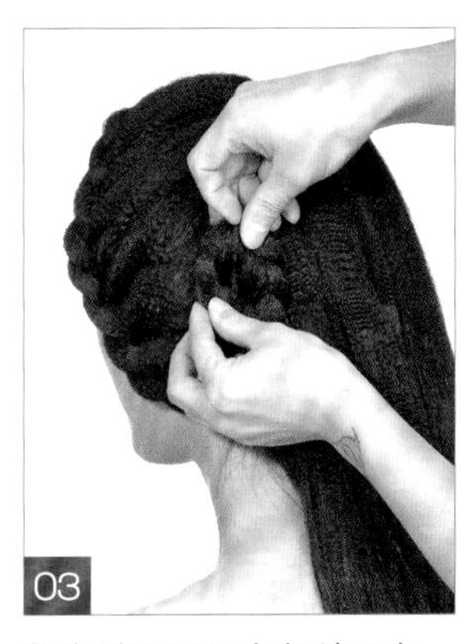

将发辫向耳后盘起并固定。

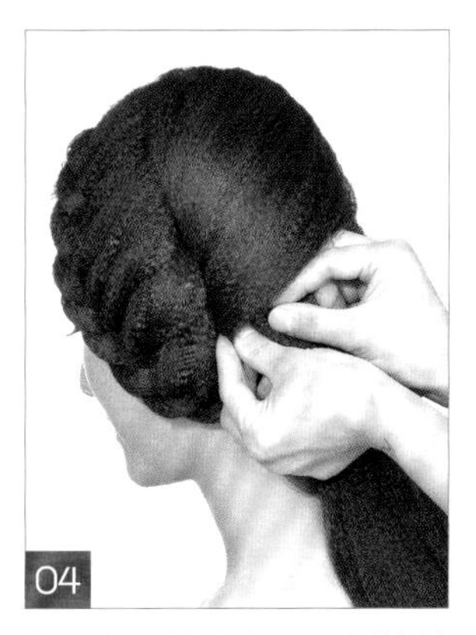

将顶发区的头发向左侧拧转并固定。

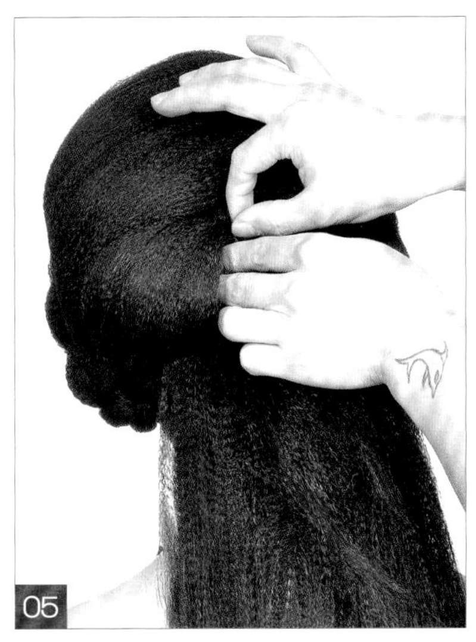

将发尾向上翻转并固定。

将后发区剩余的头发向上翻转，做卷筒，收起并固定。

将发尾向枕骨处提拉，做手打卷，收起并固定。

将右侧发辫盘转后固定在耳后方。

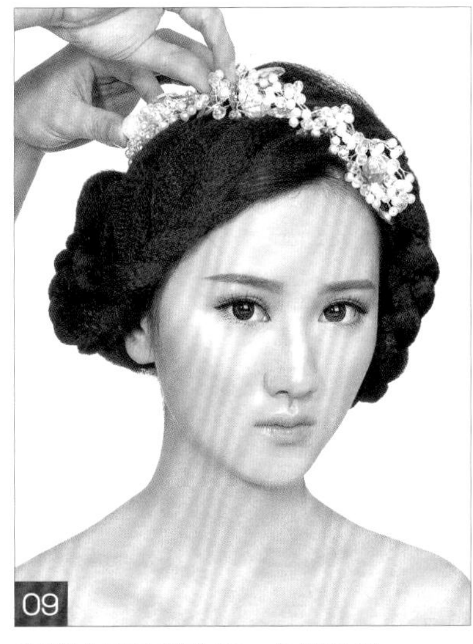

在顶发区佩戴珠花，点缀造型。

造型提示

此造型运用单边续发编辫和拧包卷筒手法组合而成，重点需掌握左右发辫的均匀度及精致度。后发区的卷筒要光洁、圆润。精致的双扣式刘海编发、简洁的卷筒拧包盘发搭配珠花头饰，整体造型将新娘甜美俏丽的可人气质体现得淋漓尽致。

将刘海区的头发向后做拧包，收起并固定。

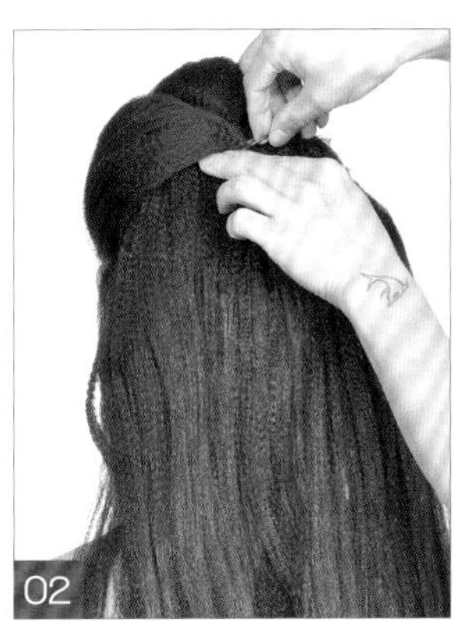

将左侧的头发向枕骨上方提拉，拧转并固定。

右侧以同样的手法操作。

将左侧的发片向右侧提拉，拧转并固定。

将右侧的发片向左侧提拉，拧转并固定。

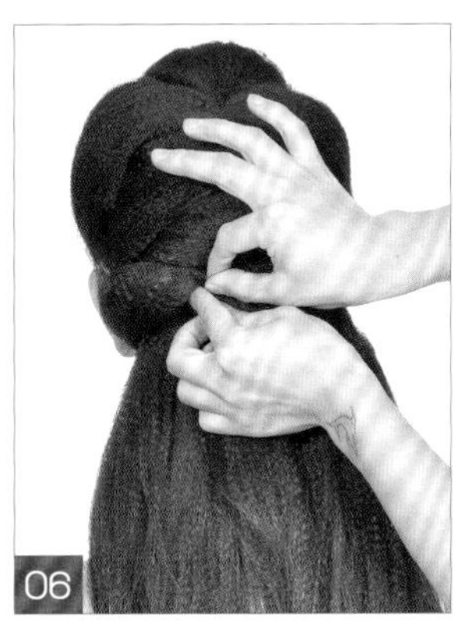

取左侧耳后方一束发片，向上翻转并固定。

继续以同样的手法操作。

取右侧耳后方一束发片，由右向左拧转并固定。

以同样的手法交叉拧转后发区的头发。

将剩余发尾头发做卷筒，收起并固定。

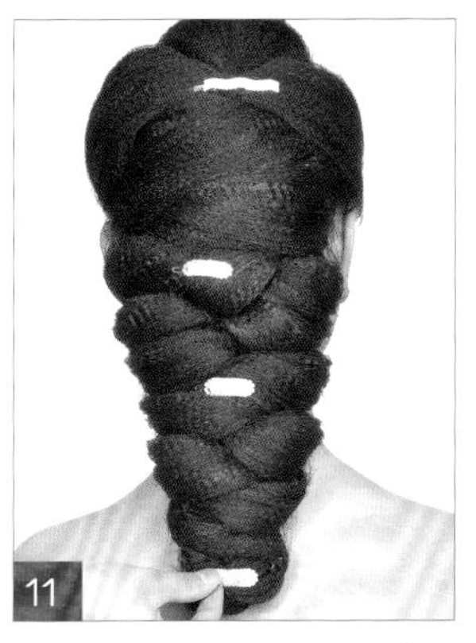

用亮钻发卡点缀发髻，并在前额处佩戴皇冠。

造型提示

本款造型以饱满的交叉拧包打造华丽典雅的后缀式盘发。闪亮的钻饰皇冠点缀在前额，闪亮吸睛。双侧顶发区饱满的拧包自然地修饰出新娘精致的鹅蛋脸，光洁大气、层次鲜明的韩式发髻搭配头饰的点缀，衬托出了新娘柔美公主般的华丽气质。

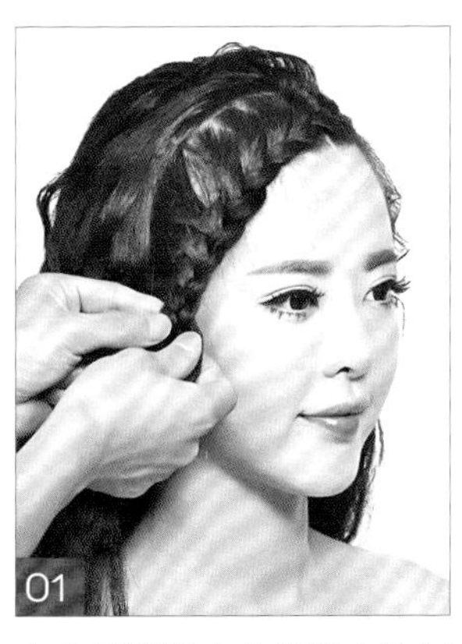

由左侧眉峰上方分出小片刘海，进行三股单边续发编辫至发尾，将其固定。

沿着刘海发辫左侧分出均等发片，用U形卡在发辫中穿过。

将刘海发辫左侧的发片穿过U形卡，用U形卡向外拉出发片，做成蝴蝶结的形状。

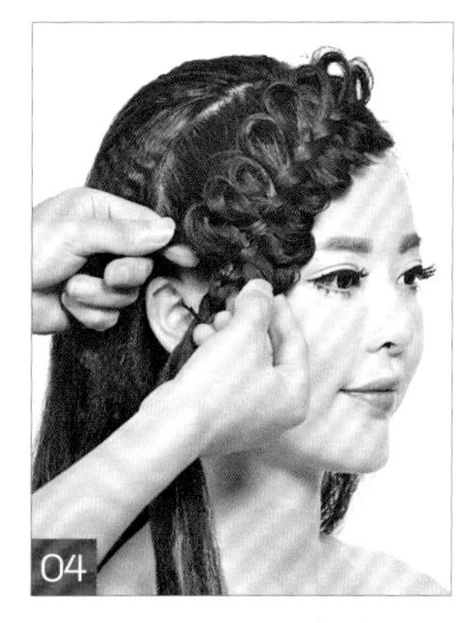

以同样的手法继续操作。

将剩余发尾编成三股辫。

取左侧耳上方的发片，由左上方向右下方进行三股单边续发编辫。

用皮筋固定发辫尾端。

以刘海蝴蝶结的操作手法将后发区的发辫做成蝴蝶结。

将刘海发辫向后提拉，衔接后发区发辫，将其固定。

在发辫交界处佩戴精致头花，点缀造型。

在顶发区佩戴清新雅致的小花头饰。

造型提示

此款造型是当下十分流行的蝴蝶结编发造型。操作手法颇为复杂，但呈现出的效果极为精致。操作时，需掌握每个蝴蝶结的形状与大小，使其层次鲜明。浪漫的披散发结合别致的蝴蝶结刘海，搭配碎花头饰的点缀，整个造型呈现出了新娘清新雅致的甜美风格。

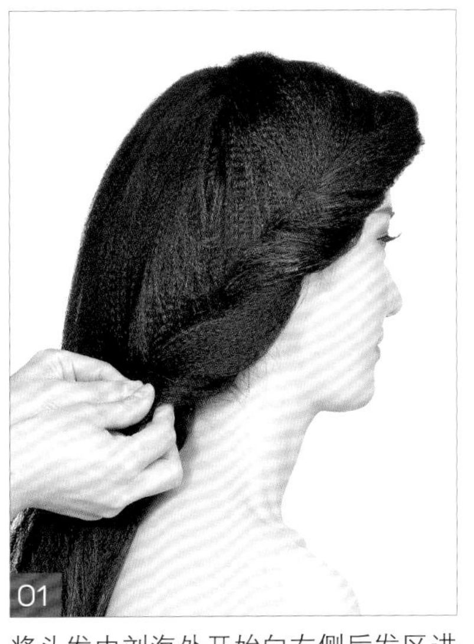

将头发由刘海处开始向右侧后发区进行拧绳续发。

取左侧发区的头发，分出均等的三份发片。

由前向后进行三股单边续发编辫。

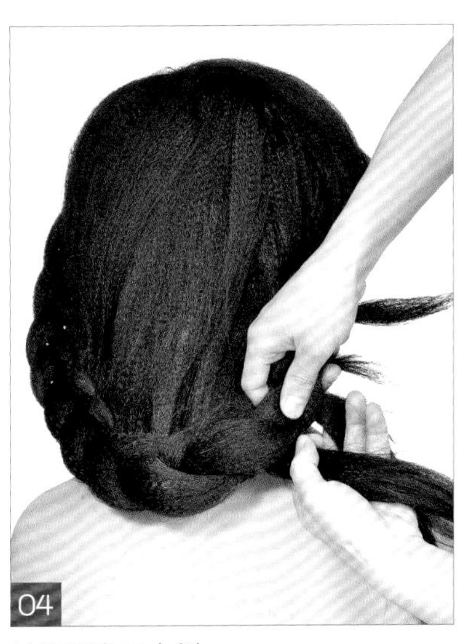

编至后发区右侧。

下卡子固定。

将发尾盘绕固定。

取精致的珠花，佩戴在后发区发髻处。

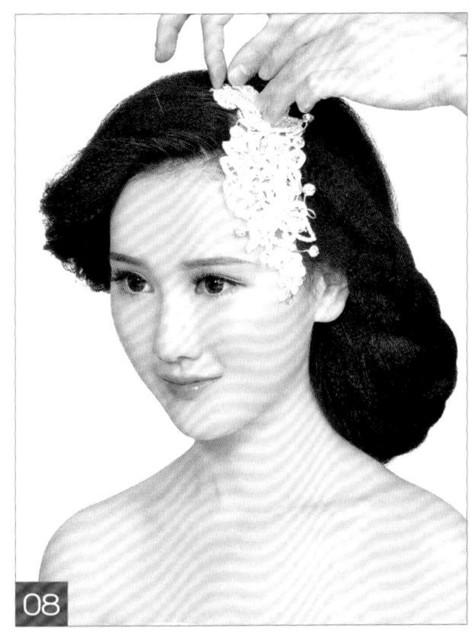

在前额佩戴蕾丝头饰，点缀造型。

造型提示

微微外翻的刘海，偏侧饱满的编发发髻，搭配前额精致的蕾丝头饰，整体造型尽显新娘唯美浪漫、甜美可人的娇羞气质。操作时，需注意刘海拧绳续发时不宜过紧，偏侧的编发要跟着头部的轮廓处理，使其形成半圆的弧度为佳。

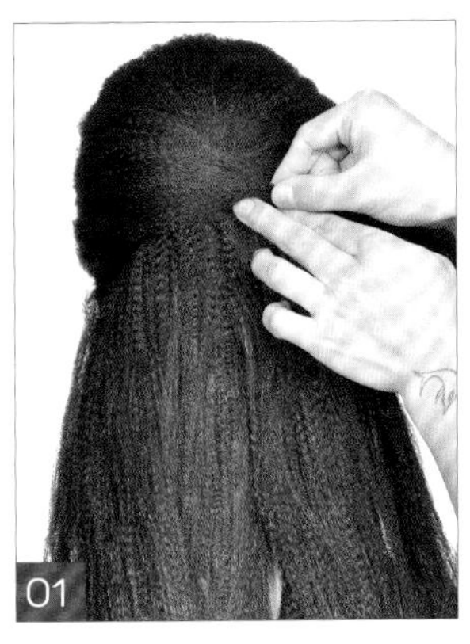
01 将顶发区的头发做饱满的拧包，收起并固定。

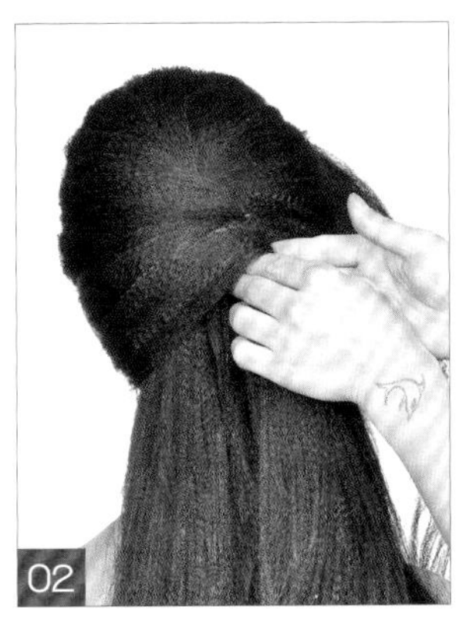
02 取左侧一束头发，向右提拉，拧转并固定。

03 将右侧的头发做打毛处理。

04 将打毛后的头发向后提拉，做拧包后固定，将发尾拧转并固定。

05 将刘海区的头发做外翻拧包，收起并固定。

06 将发尾做成手打卷，收起并固定。

07 将后发区右侧的头发做外翻拧包，收起并固定。

08 将发尾向上做手打卷，收起并固定。

09 将剩余头发拧转并固定。

10 将发尾做手打卷，收起并固定。

11 在发髻空隙处点缀珍珠发卡。

12 在前额上方佩戴珍珠皇冠。

造型提示

这是一款偏侧饱满的卷筒拧包盘发，大气而高贵，与光洁的外翻刘海自然衔接，使整体造型既有层次感又有复古的气息。操作时，需注意发区与发区之间的衔接，发髻的高度也是影响整体造型效果的关键。

01 分出刘海区的头发，将其他头发向后梳理干净，取出左右两片头发，使其交叉。

02 进行蝎子编辫至发尾。

03 将发辫向右侧提拉，拧转并固定。

04 将刘海分出数个发片，将第一发片向上拧转并固定。

05 继续以同样的手法处理剩余发片。

06 将剩余头发由左向右拧转并固定。

07 连续拧转并固定至发尾。

08 将剩余发片发尾由下向上连续拧转。

09 将剩余头发拧转，收起并固定。

10 将头饰佩戴在前额处。

造型提示

此造型运用拧转及蝎子编辫的手法操作而成。重点需掌握后发区发辫的饱满感，不宜编得过紧；将刘海外翻拧转时，要掌握发片与发片之间的间距。有层次的刘海时尚而复古，搭配后发区精致的编发发髻，整体造型凸显出新娘雅致复古的独特韵味。

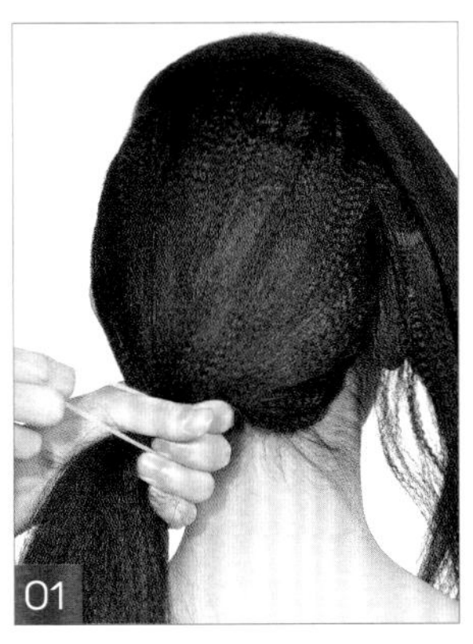

将后发区的头发束偏侧的低马尾。

将刘海分成数个发片，将第一束发片内扣拧转并固定。

将第二束发片做内扣拧转并固定。

将第三束发片做外翻拧转并固定。

将发尾头发向上提拉，拧转并固定。

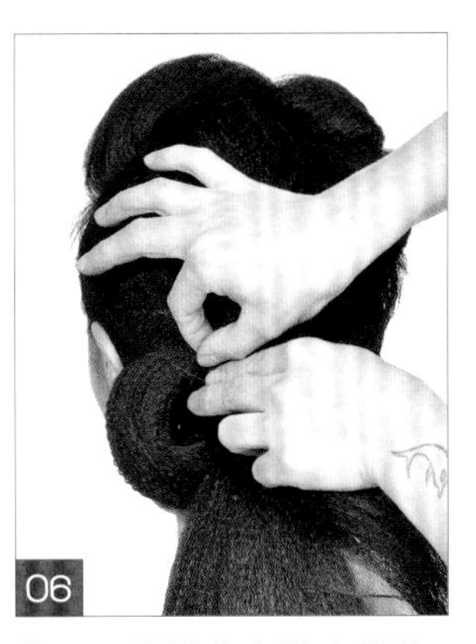

将马尾发辫分出数个发片，将第一束发片拧转并固定。

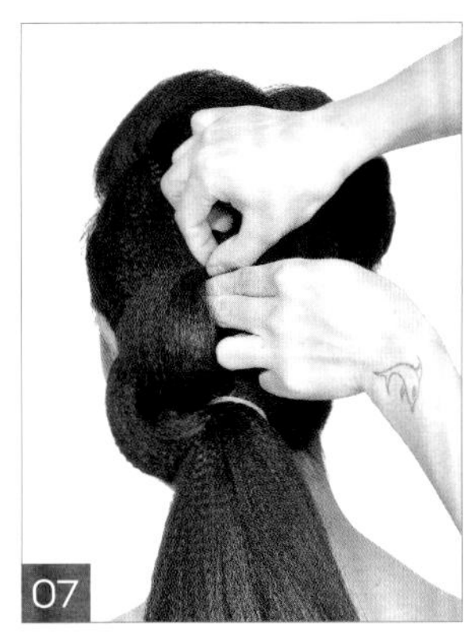

将发尾头发向上拧转并固定。

继续以同样的手法操作。

取第二束发片，以相同的手法操作。

将剩余发片以同样的手法操作完成。

在左侧前额上方佩戴头饰，点缀造型。

造型提示

此款造型运用外翻拧包、内扣拧包、束马尾及连续拧转的手法操作而成。重点需掌握后发区连续拧转的层次感及光洁度。古典的拧包盘发搭配珠花头饰，整体造型尽显新娘复古精致的妩媚气质。

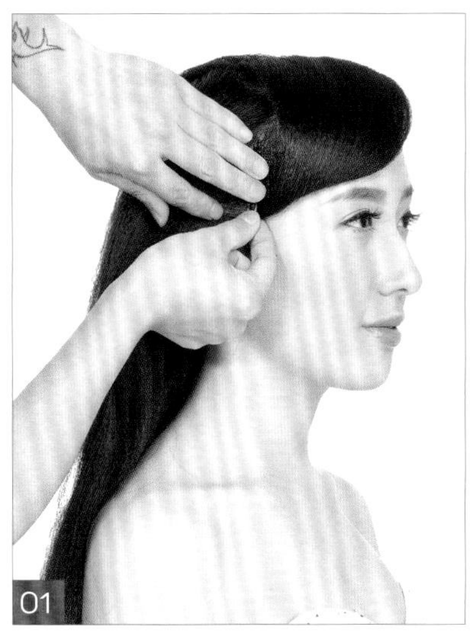
01
将刘海区的头发梳理光洁，做内扣拧转，收起并固定。

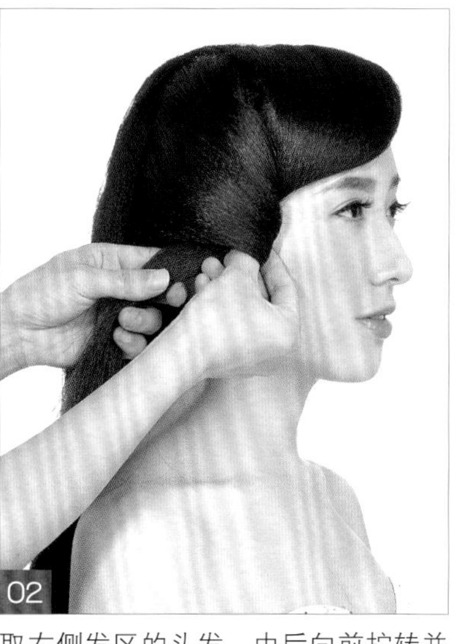
02
取右侧发区的头发，由后向前拧转并固定。

03
取后发区右侧的头发，拧转并固定。

04
将剩余头发梳理光洁，做卷筒状，收起并固定。

05
在后发区发髻处佩戴饰品，点缀造型。

06
在顶发区佩戴皇冠，烘托造型的整体感。

造型提示

此造型运用拧包及卷筒手法操作而成。光洁的发片是完成精致拧包发型的关键，无缝自然的拧转衔接使造型富有极强的层次感。偏侧内扣的刘海能够修饰额头不够饱满的缺点，偏侧层叠的拧包结合后发区光洁的卷筒盘发，搭配华丽精致的皇冠，整体造型凸显出了新娘端庄高贵的女王气质。

将顶发区的头发做饱满的拧包，收起并固定。

取左侧一束发片，向枕骨处拧转并固定。

取右侧一束发片，向枕骨处提拉，衔接固定。

以同样的手法继续操作。

将发尾头发向上翻转，做卷筒状，收起并固定。

将刘海梳理光洁，向后提拉并固定。

在后发区佩戴小碎花头饰，点缀造型。

在前额上方佩戴头饰，点缀造型。

造型提示

此款造型运用拧包、交叉拧转及卷筒手法操作而成。重点需掌握顶发区发包的饱满度和圆润度，后发区交叉拧转时，续发的发量要均等一致，下卡子要牢固。别致的后缀式韩式盘发结合顶发区饱满的包发，搭配珠花饰品的点缀，整体造型将新娘精美雅致、清新娴静的气质凸显得淋漓尽致。

将顶发区的头发做拧包，收起并固定。

将左侧的头发向顶发区提拉，拧转并固定。

右侧以同样的手法操作。

将两侧的发尾做三股编辫至发尾。

取左右发片，向中间提拉，衔接固定。

以同样的手法操作至发尾。

将发尾头发向内拧转并固定，向内收起。

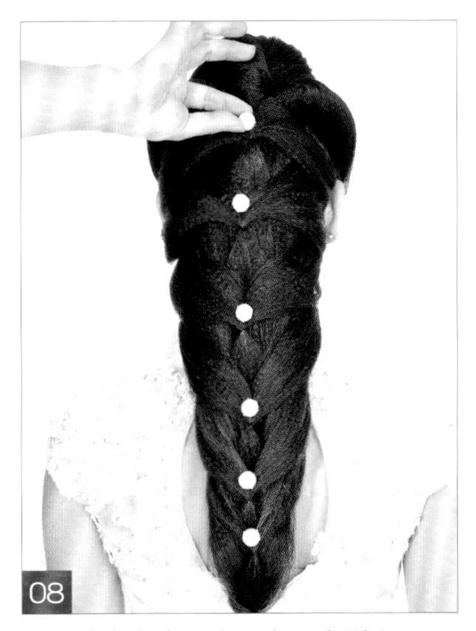

将珍珠发卡点缀在后发区发髻上。

在前额佩戴珠链式头饰，点缀造型。

造型提示

这是一款标志性的后缀式韩式盘发，层次纹理清晰，前额无刘海的盘发设计显得大气，搭配珠链饰品，为正面原本单调的发型增添了一分华丽感。重点需掌握后发区发髻固定的牢固度，每束发片衔接都需固定在原有的发辫之上。

01 将顶发区的头发做三股编发扎起。

02 取左侧一束发片，向右拧转并固定。

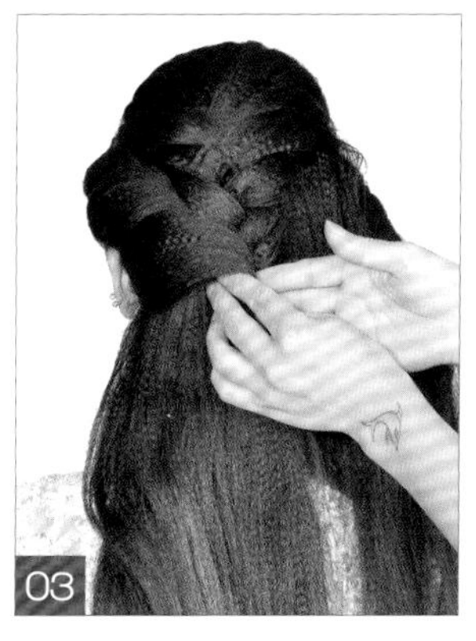

03 继续取左侧耳后的发片，衔接发辫边缘固定。

04 右侧以同样的手法操作。

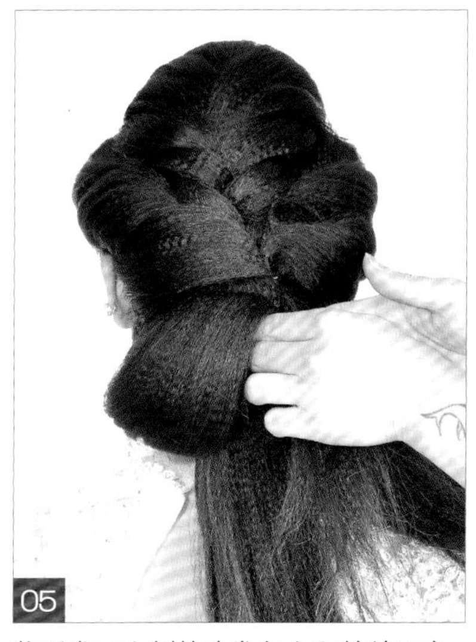

05 将后发区左侧的头发向上翻转并固定。

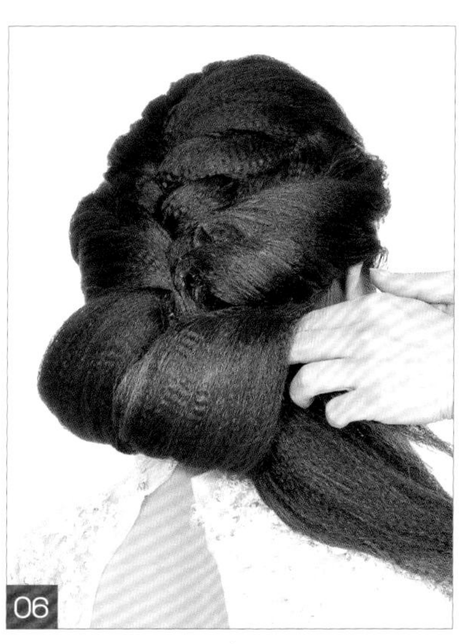

06 继续以同样的手法操作。

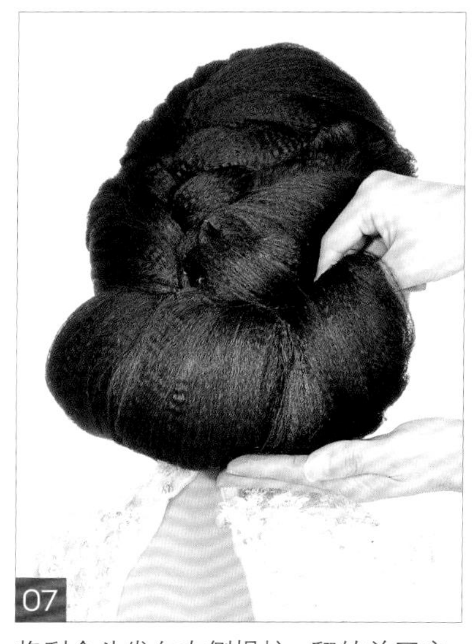

07 将剩余头发向右侧提拉，翻转并固定。

08 佩戴头饰。

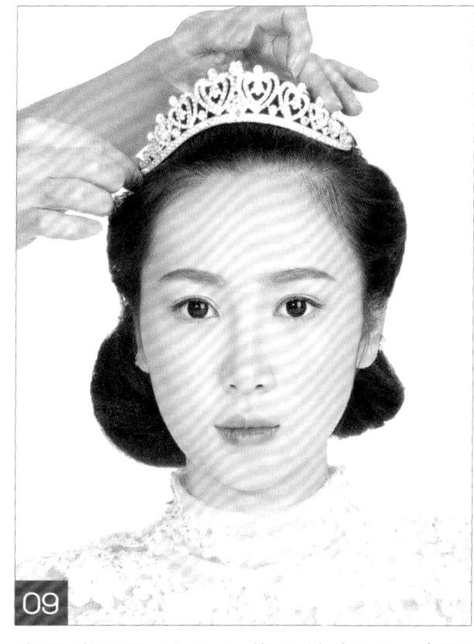

09 在顶发区佩戴公主范儿的皇冠，点缀造型。

造型提示

此发型运用编发和拧包手法操作而成。不对称式的后发髻拧包时尚而个性，搭配公主范儿的皇冠，整体造型极好地烘托出了新娘高贵典雅的气质。后发区的发髻对称与否可根据新娘的喜好来决定，不对称的发髻时尚而个性，对称的发髻端庄而复古。

01
将顶发区的头发做拧包，收起并固定。

02
取左侧的头发，向右拧转并固定。

03
取后发区左侧的头发，向上拧转并固定。

04
将后发区中间的头发向上拧转，将卷筒收起并固定。

05
将后发区剩余的头发向上拧转并固定。

06
将右侧的头发向后拧转，将发尾做手打卷，收起并固定。

07
将刘海区的头发向后拧转，将发尾做手打卷，收起并固定。

08
在左侧耳上方佩戴头花，点缀造型。

造型提示

这是一款大气的拧包盘发，高贵中透露着精致，利用洁白的头花在前额处点缀，凸显出了新娘浓郁的复古甜美气息。重点需注意后发区发卷与发卷的衔接，并保证打卷时发片要光洁干净，不要有碎发，并掌握好左右的对称度与协调性。

02

·晚礼发型系列·

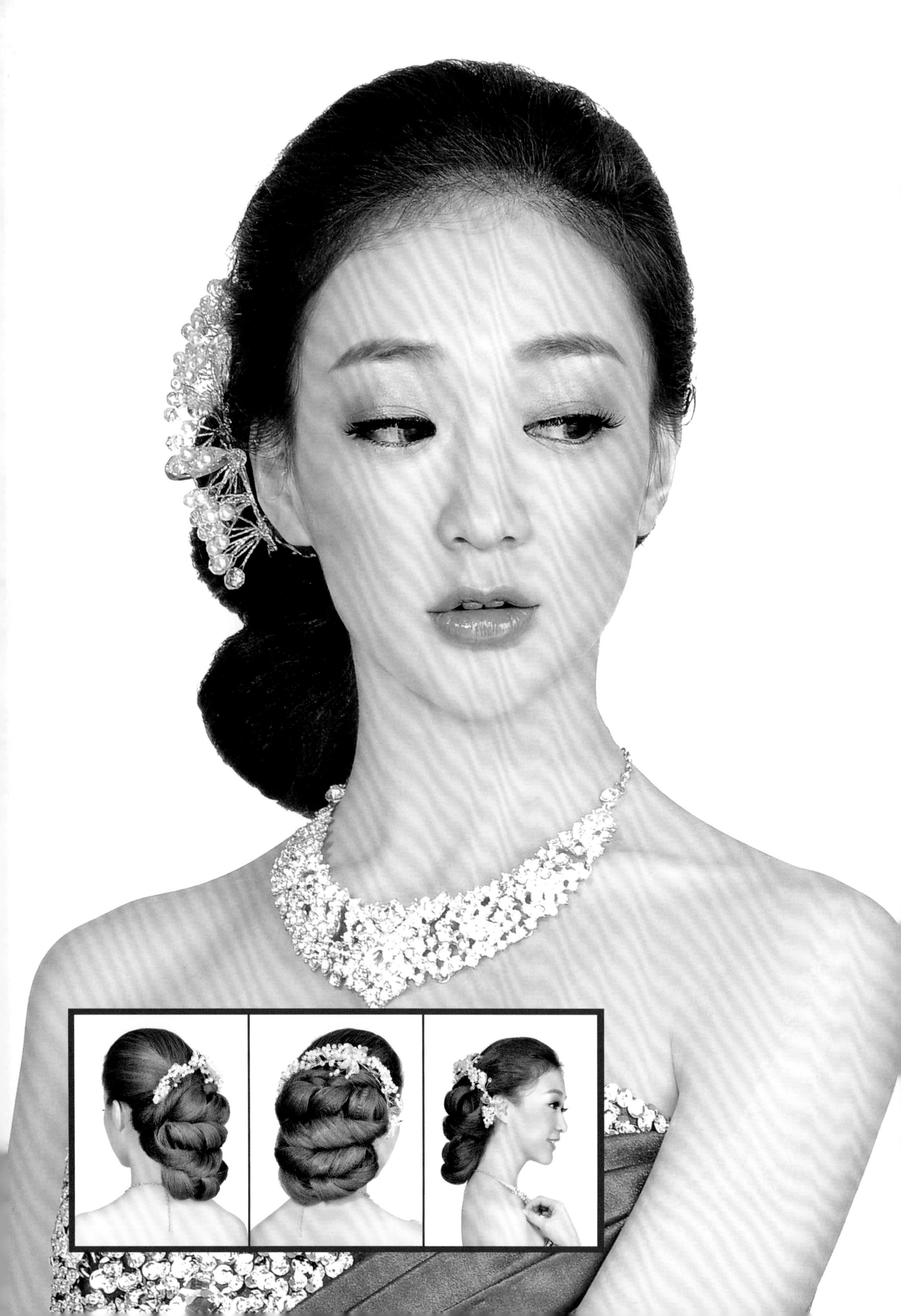

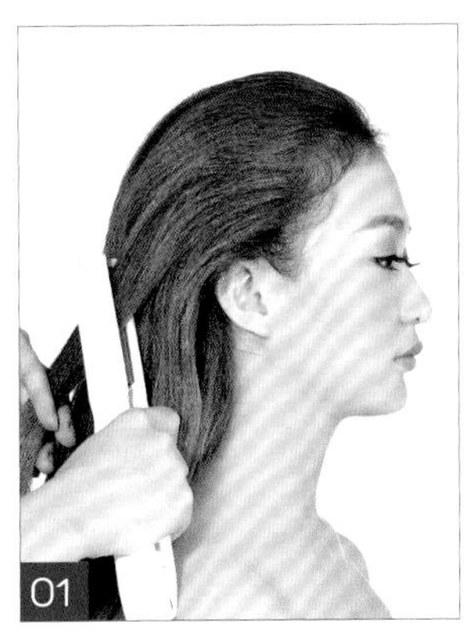

将所有头发做玉米烫处理。

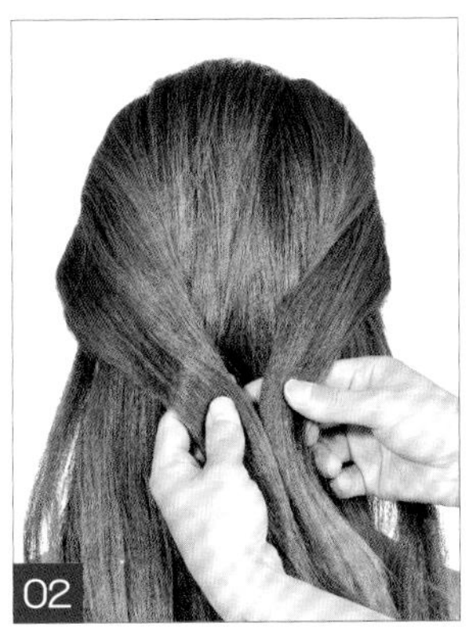

将左右两侧的头发向后发区中部提拉。

用皮筋固定，并将发尾头发从中间穿过。

取左侧耳后方一束发片，由左向右叠加拧转并固定。

取左侧一束发片，做拧绳处理。

将拧绳向上提拉并固定。

取右侧一束发片，由右向左叠加拧转并固定。

继续以同样的手法操作。

将剩余发尾头发向内收起并固定。

将长形珠花头饰佩戴在后发髻上方。

造型提示

此款造型的重点在于饱满圆润、层次鲜明的后缀式发髻。在打造过程中，需注意发片之间的交替衔接及下卡子的牢固度。同时，此款造型在打造之前必须经过玉米烫处理，否则无法达到饱满的效果。精致的韩式盘发搭配珠花头饰的点缀，整体造型尽显新娘时尚典雅的气质。

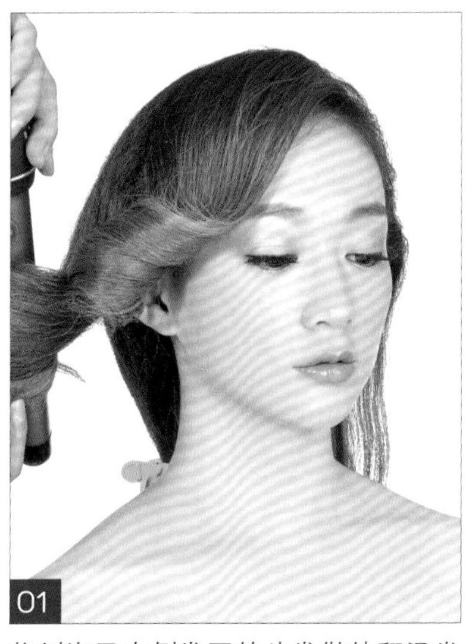

将刘海及右侧发区的头发做外翻烫卷处理。

将刘海沿着发卷纹理摆放并固定。

将右侧发卷与刘海发卷衔接并固定。

取左侧发区的头发，进行三股单边续发编辫。

由左向右编至发尾，用皮筋固定。

将发辫尾端与右侧卷筒衔接固定。

在后发区佩戴洁白的头花，进行点缀。

造型提示

此款发型利用烫发、卷筒及三股单边续发编辫组合而成。重点需掌握各发区之间的衔接固定点，不宜过高或过低，要使整个造型轮廓呈现圆润的状态。复古婉约的卷筒刘海结合精致的编发轮廓，搭配头花的点缀，造型整体体现出了新娘时尚而复古的红毯明星气质。

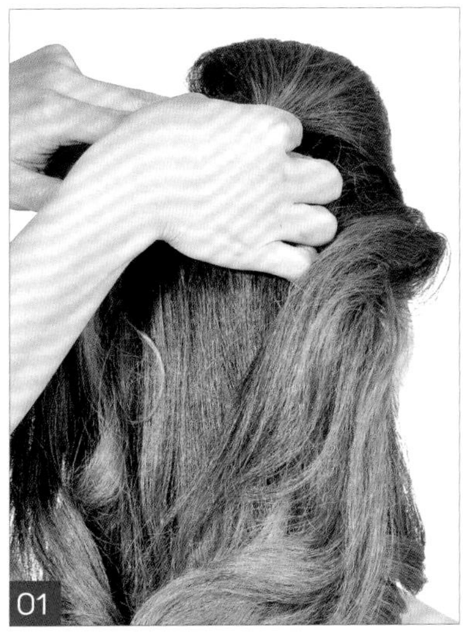

将刘海区的头发向后做拧包，收起并固定。

将左侧的头发根部做打毛处理。

将打毛后的头发向头顶处提拉，做拧包，收起并固定。

右侧以同样的手法操作。

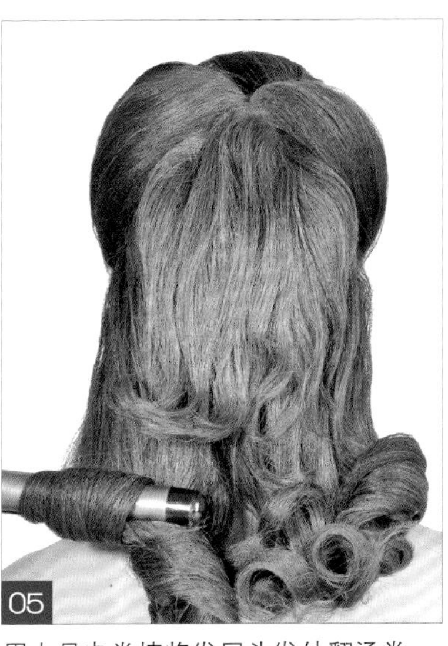

用大号电卷棒将发尾头发外翻烫卷。

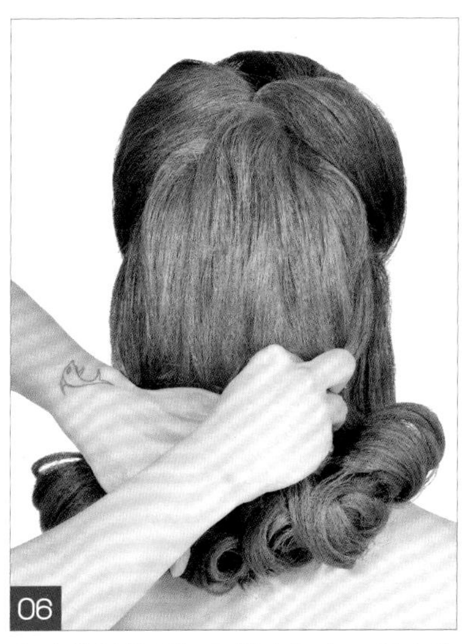

将头发沿着颈部下横卡固定，留出发尾头发。

顺着发尾的发卷向上做卷筒，收起并固定。

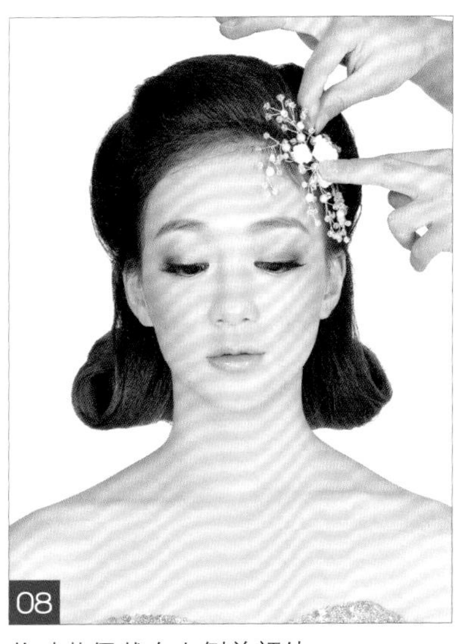

将珠花佩戴在左侧前额处。

造型提示

新式的卷筒发髻与顶发区的拧包结合，可爱俏皮，灵动优雅，前额处搭配的闪亮珠花更加吸引眼球。操作时，顶发区左右两侧的三角形拧包要左右向内与刘海拧包衔接，后发区外翻卷筒要干净圆润，碎发要收干净。

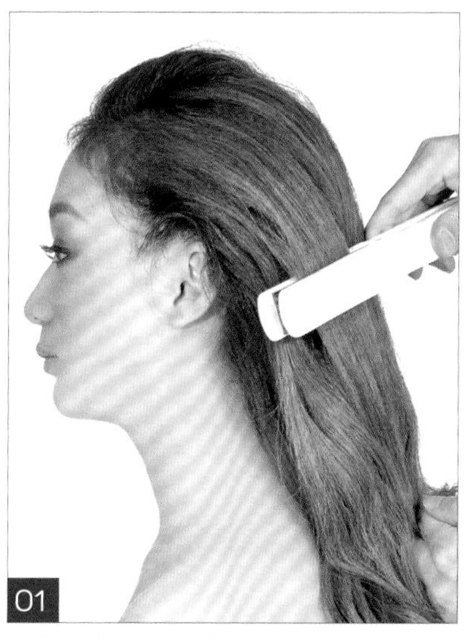
将所有头发做玉米烫处理。

将顶发区及左右发区合并，做偏侧拧包，收起并固定至右侧。

取左侧耳后方的头发，做三股编辫至发尾。

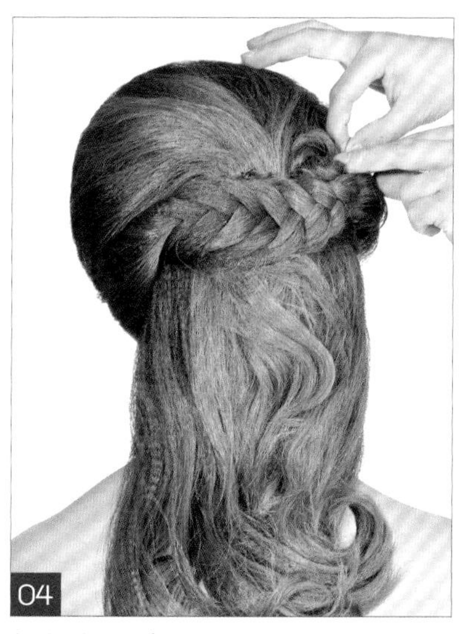
将发辫向上提拉，衔接固定在顶发区发包的收尾处。

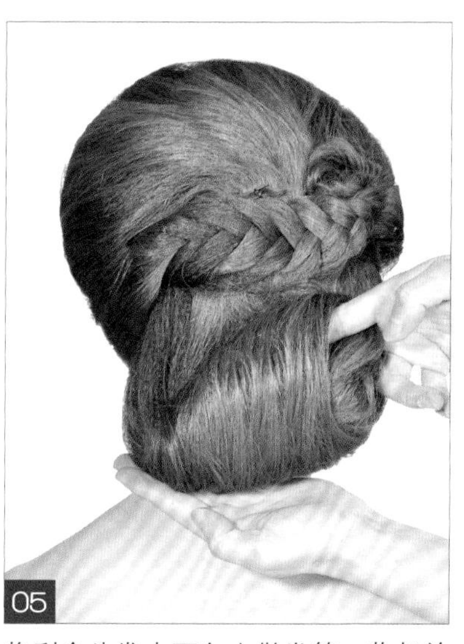
将剩余头发由下向上做卷筒，收起并固定。

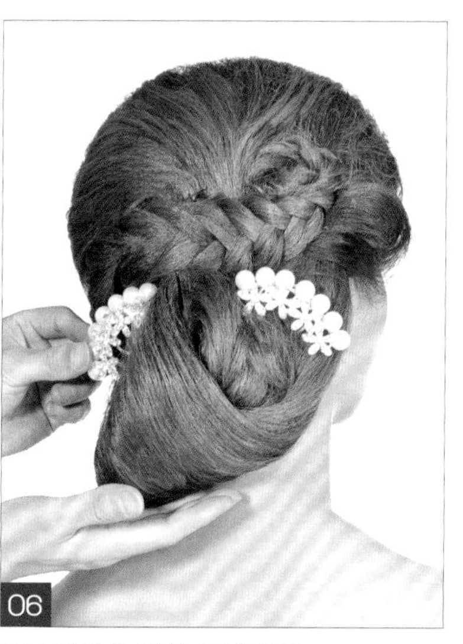
将珍珠头饰佩戴在后发区。

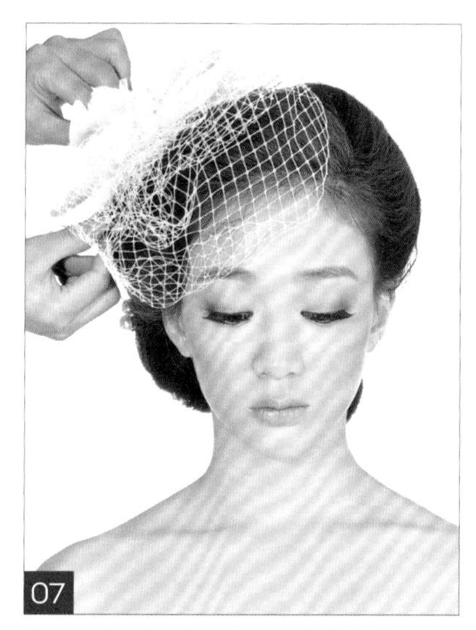
将大网头花佩戴在右侧发髻上方。

造型提示

头顶高耸的偏侧发包及后发区的卷筒造型都是复古发型的经典设计元素。此款造型有着较强的立体感，搭配大网头花，神秘而优雅，自然散发成熟魅力。操作时，顶发区发包要做偏侧处理，并与后发区的卷筒形成左右呼应的轮廓。

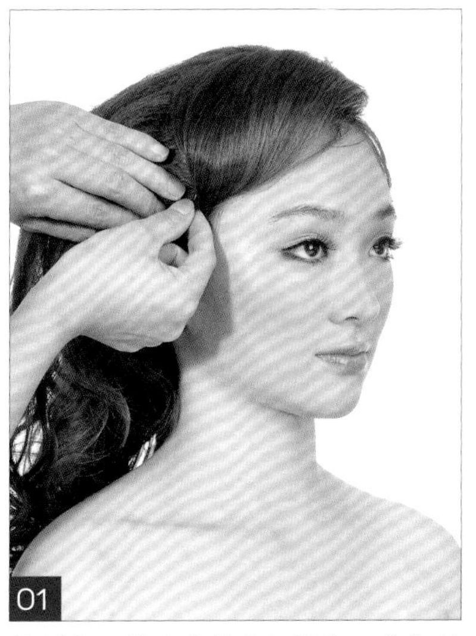

将刘海区的头发做内扣拧包，收起并固定。

取右侧耳上方的头发，做内扣拧包，收起并固定在耳后方。

将顶发区的头发向右侧提拉，做内扣拧包,收起并衔接固定在右侧拧包之上。

取后发区一束发片，由后向前做内扣拧包，收起并固定。

取左侧发区的头发，向枕骨处做内扣拧包，收起并固定。

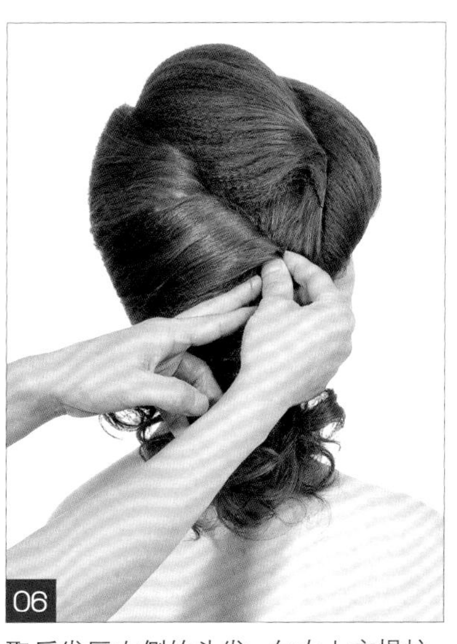

取后发区左侧的头发，向右上方提拉，做拧包收起。

将发尾烫卷，并调整发卷纹理。

将绢花点缀在发包空隙处。

造型提示

内扣发型温婉甜美，能够巧妙地修饰脸形，是近年来非常流行的发型之一。内扣叠加的操作手法能够凸显出新娘复古婉约的独特气质，凌乱而有序的偏侧卷发浪漫而妩媚。操作时，重点需掌握头发的分区，精准的发区能够决定发型整体轮廓的构架，同时发片表面的光洁也是造型的关键。

将后发际线部位以下的头发做烫卷处理。

取左侧一束发片，向右侧提拉，拧转并固定。

继续以同样的手法，由左向右操作至后发区右下方。

将刘海区的头发向后做拧包，收起并固定。

将发尾做手打卷，收起并固定。

将右侧的头发向后提拉，做拧包，收起并固定。

将发尾向后提拉，做手打卷，收起并固定。

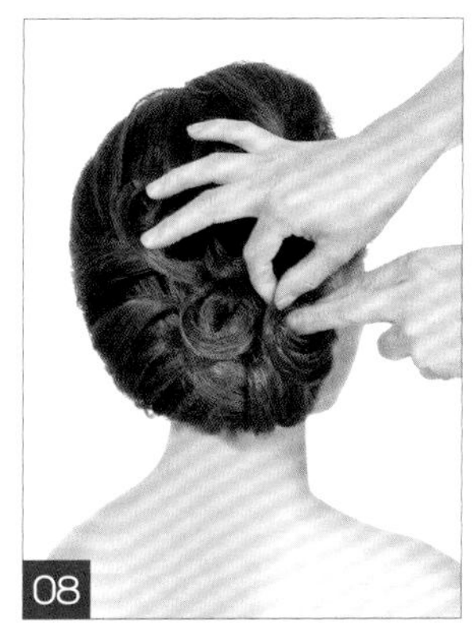

将剩余发尾依次做手打卷，排列在后发区，收起并固定。

在发卷中间佩戴珍珠发卡。

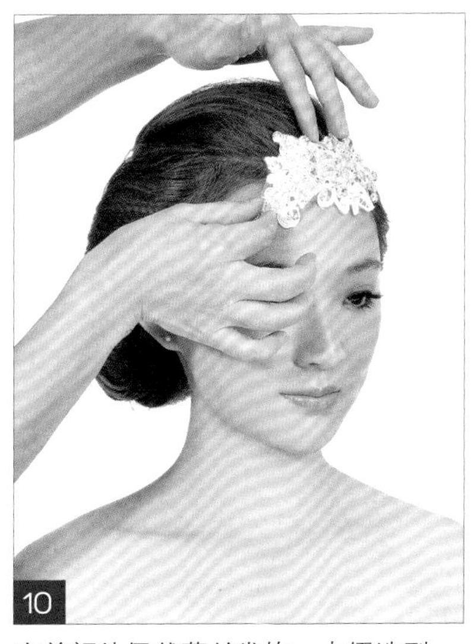

在前额处佩戴蕾丝发饰，点缀造型。

造型提示

在偏侧的发髻排列手打卷，搭配珍珠饰品的点缀，呈现出复古雅致的韵味。前额巧妙地利用头饰点缀，来修饰额头偏大的缺点。整体造型体现出了新娘端庄复古的熟女气质。

将头发做烫卷处理，并将右侧的头发向后做拧包，收起并固定。

将左侧发片向后提拉并拧转，与右侧拧包衔接固定。

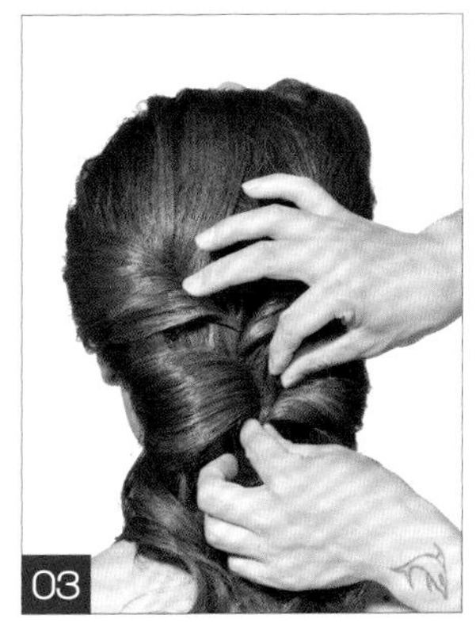

继续以同样的手法操作。

取发尾一束发片，向上做卷筒，收起并固定。

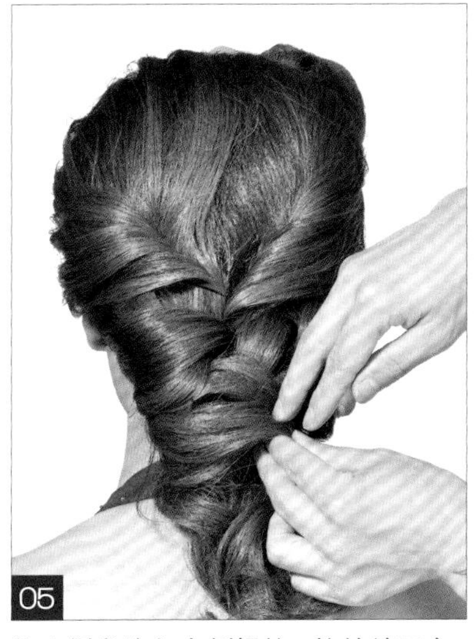

将左侧发片向右侧提拉，拧转并固定。

将发尾做手打卷，收起并固定。

将刘海区的头发做外翻卷筒后收起。

将卷筒固定在顶发区右侧。

将树叶状头饰点缀后发区。

造型提示

交叉拧包的后发髻盘发是韩式造型的经典形式，搭配时尚个性的卷筒刘海，为原本端庄的发型增添了一分时尚感。重点需掌握后发区发髻堆砌的层次感，以及刘海卷筒固定的位置，要使其与后发髻自然衔接。

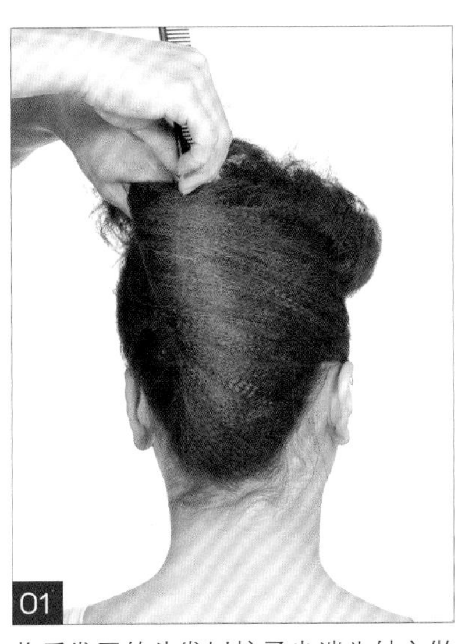

将后发区的头发以梳子尖端为轴心做单包处理。

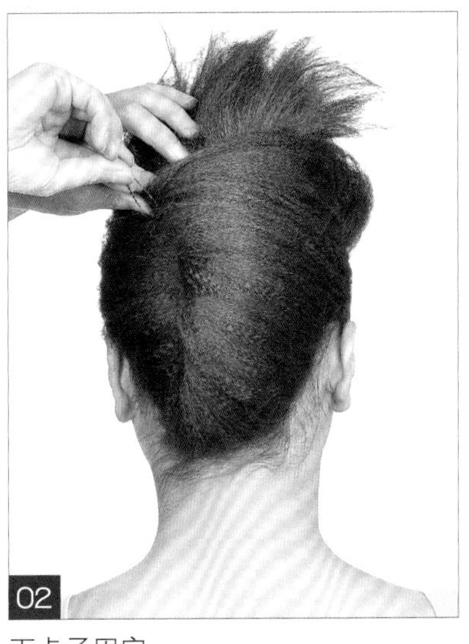

下卡子固定。

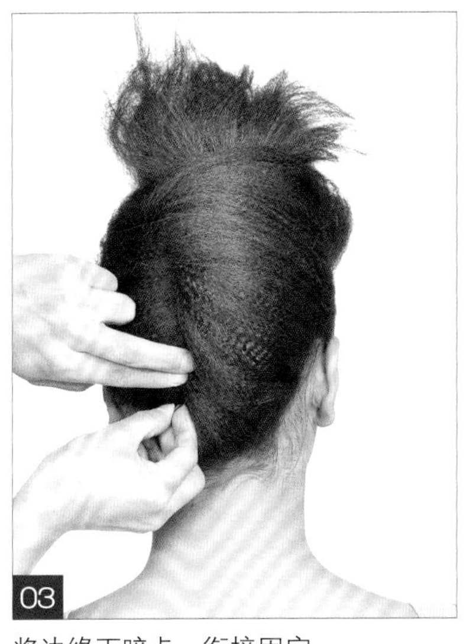

将边缘下暗卡，衔接固定。

将发尾向前梳理并固定。

将刘海区的头发向后打毛。

将打毛的头发向后梳理干净并做饱满包发，收起并固定。

造型提示

简洁的单包盘发结合高耸饱满的顶发区发包，时尚而贵气。后发区做单包时，发片向上提拉的角度要高于90°，顶发区的发包表面要干净，轮廓要饱满圆润，同时要与后发区的单包形成自然衔接状态。

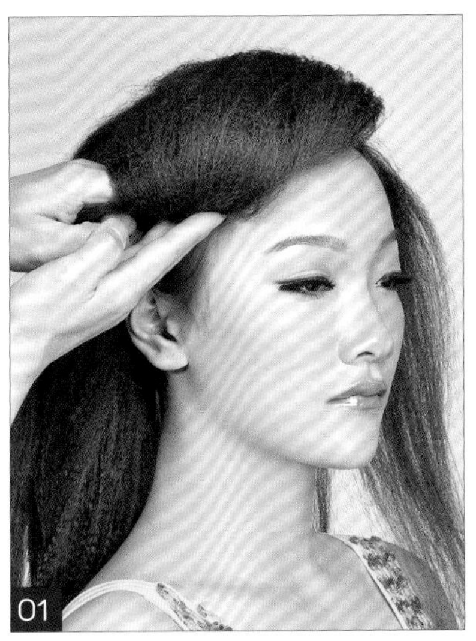

将刘海区的头发向右侧提拉，做内扣拧包，收起并固定。

将顶发区的头发向前提拉，做拧包，收起并固定。

将后发区的头发做打毛处理。

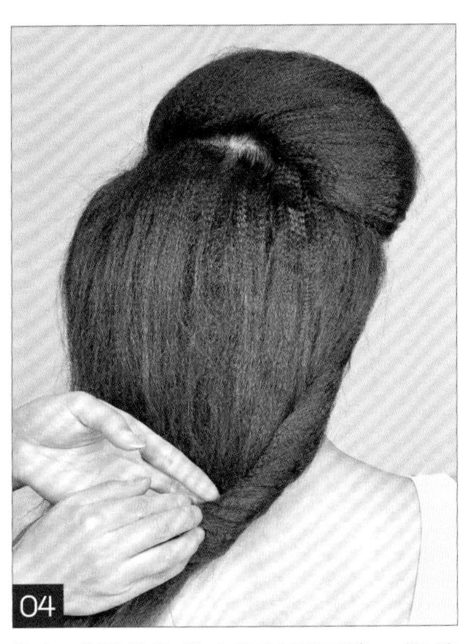

将打毛后的头发表面梳理干净，沿着右侧边缘做拧绳续发收起。

拧至左侧耳后方，下卡子固定。

将左侧的头发做打毛处理。

将打毛后的头发表面梳理干净，向右侧提拉并固定。

在左侧佩戴头饰，点缀造型。

造型提示

此发型运用了拧包和拧绳续发手法操作而成，重点需注意发区的精致分区、发片根部的打毛处理，以及发区与发区之间的衔接固定。发型轮廓应清晰、层次鲜明。层叠饱满的盘发搭配前额左侧的头饰，整体造型尽显新娘华美高贵、时尚复古的气质。

用玉米夹将后发区的头发烫卷。

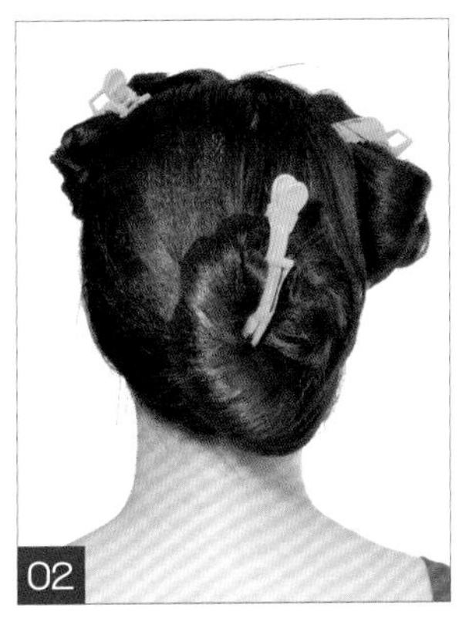

分出后发区及左、右侧发区。

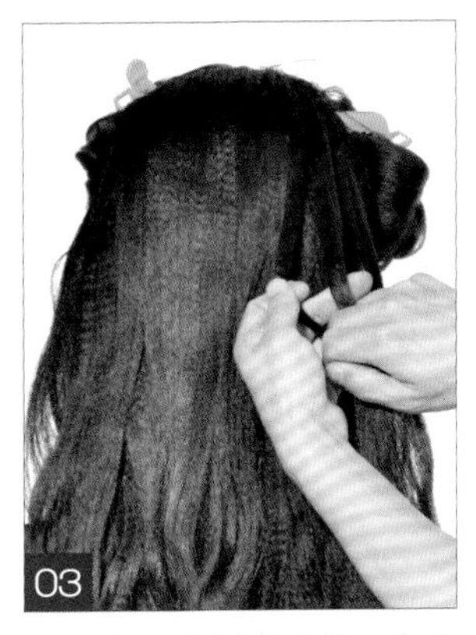

取后发区右侧的头发，分出均等的三股发片。

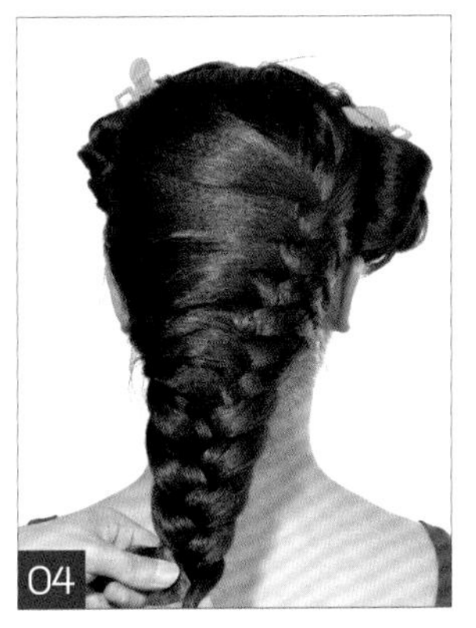

由上向下进行三股单边续发编辫至发尾。

将发尾向内拧转并固定。

将左右两侧的头发做外翻烫卷。

将右侧的头发沿着发髻做拧绳处理。

将拧绳沿着后发髻内侧拧转并固定。

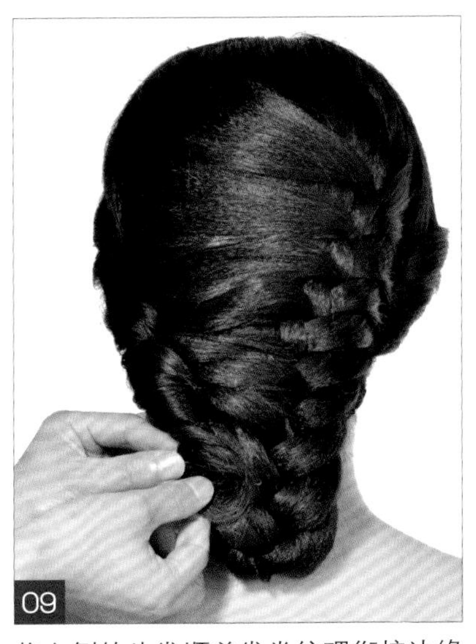

将左侧的头发顺着发卷纹理衔接边缘编发。

佩戴饰品，点缀造型。

造型提示

偏侧式的三股单边续发编辫精致有型，通过左右不对称式的拧绳及连续拧转手法，使后发区形成后缀式的倒三角发髻。光洁精致的编发发髻搭配个性的饰品，整体造型尽显新娘成熟端庄、时尚靓丽的气质。

将头发分出刘海区及后发区。

将刘海区的头发根部做打毛处理。

将刘海根部一段头发做饱满的高耸刘海，用头饰点缀并固定。

将发尾头发摆放出半圆弧度，向上提拉并固定。

将发尾做手打卷，收起并固定。

将头发由左侧向右侧拧转，收起并固定。

将发尾拧成 8 字形，收起并固定。

在后发髻处佩戴蝴蝶状头饰。

造型提示

此造型运用打毛和拧包拧转手法操作而成，重点需注意刘海与后发区发髻之间的衔接，两者要过渡自然。偏侧的拧包发髻结合略微饱满的刘海，时尚端庄，搭配蝴蝶状头饰，极富层次感。

取玉米夹将所有头发烫卷。

分出刘海区、顶发区及后发区。

将刘海区的头发做蝎子编辫至发尾。

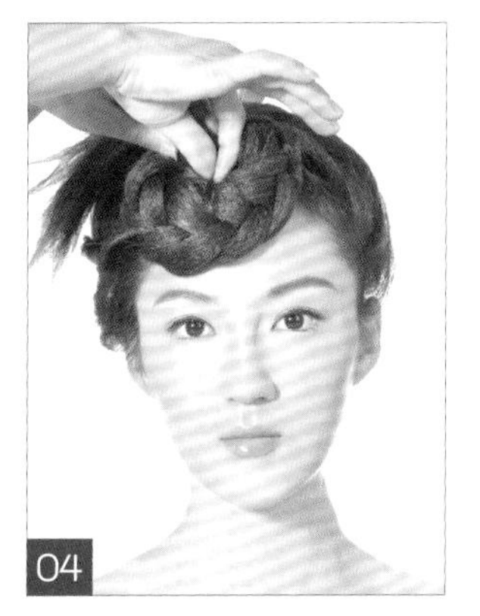

将发辫盘转固定在前额中部位置。

用顶发区的头发向前做三股单边续发编辫至发尾。

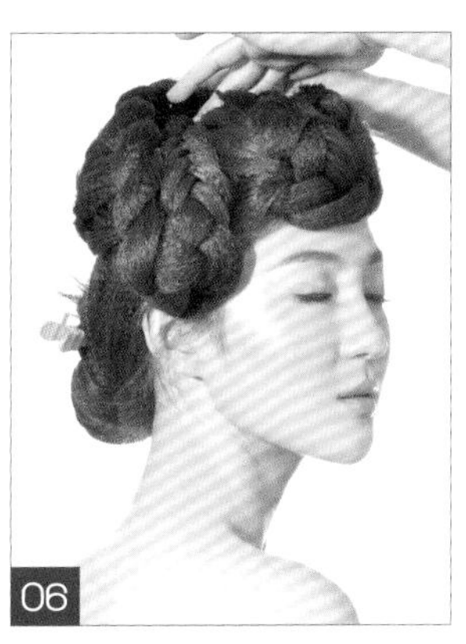

将发尾向上提拉，拧转并固定。

将后发区的头发向上提拉，做三股单边续发编辫至发尾。

将发辫对折后向上提拉，拧转并固定。

调整发辫之间的层次。

佩戴发卡，点缀造型。

造型提示

此造型运用蝎子编辫及三股单边续发编辫组合而成。顶发区及后发区发辫提拉的角度要高于90°，顶发区编发时可让新娘低头以便于操作。圆盘状的编发刘海结合层叠的发辫，整体造型尽显新娘时尚大气的明星气质。

将刘海区的头发分为两束发片，交叉处理。

取右侧一束头发，与刘海剩余发尾继续交叉处理。

取右侧耳下方发片，依次外翻拧转并固定。

将左侧的头发向右侧拧转并固定。

取后发区左侧下方一束发片，向上提拉，拧转并固定。

将剩余头发依次向上提拉，拧转并固定。

将发尾向内收起并固定。

佩戴饰品，点缀造型。

造型提示

此造型运用交叉拧转及外翻拧转手法操作而成。将刘海处发片交叉拧转时，应以横向分配发片；后发区做外翻拧转时，发片分配要均等一致；同时要注意下卡子的牢固度。将拧转后的头发层次鲜明地加以叠加摆放，使造型呈现出简约而大气的轮廓。

将头发分为刘海区及后发区。

将后发区的头发做蝎子编辫至发尾。

将发尾向内对折并固定。

将刘海区的头发向后进行蝎子编辫至发尾。

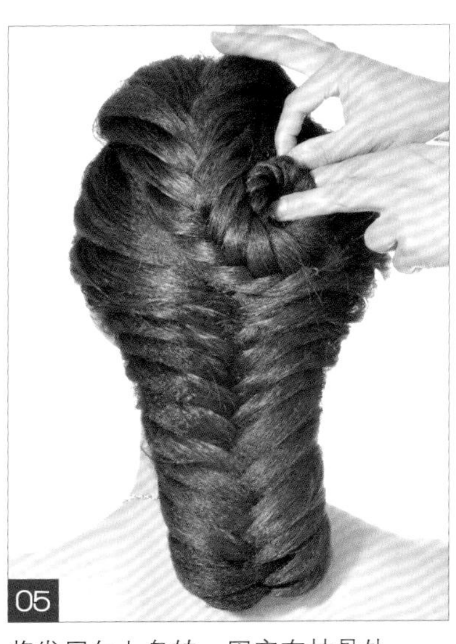

将发尾向上盘转，固定在枕骨处。

佩戴蝴蝶状头饰，点缀造型。

造型提示

此款造型运用单一的蝎子编辫手法操作而成。精致的后缀式编发搭配蝴蝶状头饰的点缀，使新娘显露出唯美雅致的气质。此发型适用于当日婚礼造型，操作手法简单，易于快速变换。

将头发分为刘海区及后发区。

将刘海区的头发向前提拉，进行打毛。

将打毛的头发表面向前梳理干净。

将刘海向内拧转，收起并固定。

将后发区的头发做编辫处理。

将发辫向右侧提拉并拧转。

将剩余发辫在后发区左右对折并固定。

佩戴喜庆的红色珠花，点缀造型。

造型提示

此造型运用打毛、拧包及编发手法操作而成。在打造前推式的刘海时，发根头发的打毛是关键所在，打毛时，一定要根据发包轮廓的走向来提拉发片。时尚的前推式刘海结合后发区精致的编发发髻，搭配红色珠花的点缀，整体造型体现出了新娘时尚高贵的明星气质。

01 将头发用电卷棒烫卷。

02 将后发区的头发分出数个发片，将第一束发片向上提拉，做拧绳处理并固定。

03 取第二束发片，继续以同样的手法操作。

04 取第三束头发，做拧绳处理。

05 环绕之前的两个拧绳发髻固定。

06 将刘海区的头发做打毛处理。

07 将刘海向右侧梳理，并整理出线条纹理，将其固定在耳后方。

08 佩戴头花，点缀造型。

造型提示

此款造型运用打毛和拧绳手法操作而成，手法简单，适用于当日婚礼造型变换。重点需掌握后发区发髻轮廓的圆润度与整齐度，刘海的纹理要有透气感。随意动感的刘海搭配简约清爽的盘发，整体造型尽显新娘时尚大方的明星气质。

用电卷棒将所有头发烫卷。

将左侧耳前方的头发打毛，做拧包，收起并固定。

将左侧的头发向右拧转并固定。

将顶发区的头发进行打毛处理。

将打毛后的头发向后拧转，做拧包，收起并固定。

取右侧一束发片，向枕骨处拧转并固定。

将刘海区的头发沿着发卷纹理向后提拉并固定。

将一朵绢花摆放在右侧耳后方，将发尾头发向上缠绕并固定。

造型提示

卷发是体现女人浪漫柔美的最佳选择。拧包手法能够使造型呈现出饱满圆润的轮廓，搭配素雅的绢花，整体造型尽显新娘妩媚浪漫的气质。

用电卷棒将头发烫卷。

将刘海区的头发做外翻拧转并固定。

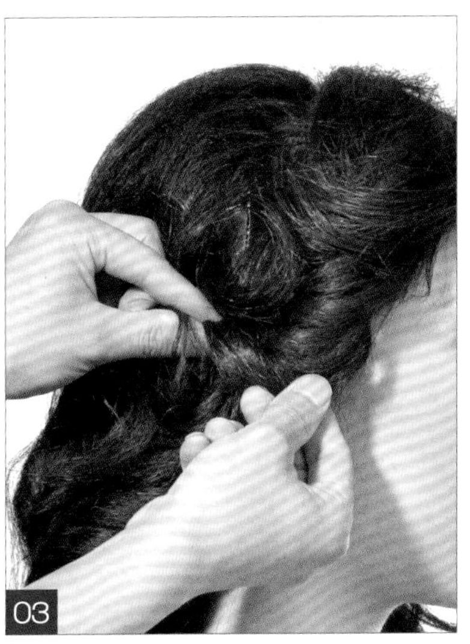

继续沿着发髻边缘做外翻拧转并固定。

取后发区右侧耳后方一束发片，做手打卷，向上提拉，拧转并固定。

继续以同样的手法操作。

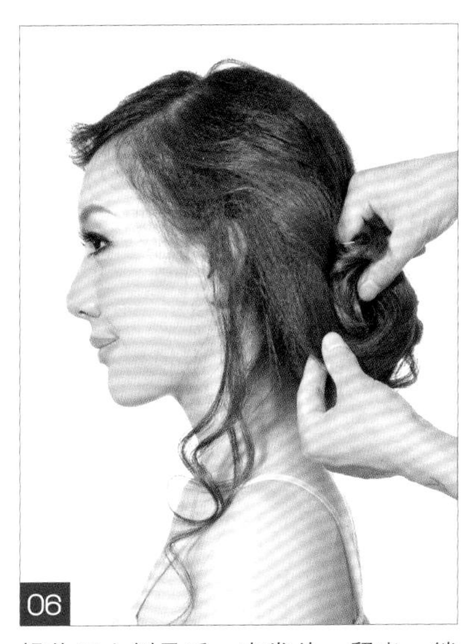

操作至左侧最后一束发片，留出一缕发丝。

在顶发区左侧佩戴头饰，点缀造型。

造型提示

这是一款蓬松自然的手打卷盘发，简约大方。造型以自然蓬松为主，每个发卷不宜提拉或拧转得过紧。左侧垂下的发丝使整体造型增添了一分柔美气息，搭配与服装同色的头饰，使整体造型更为协调。

01
将顶发区的头发根部做打毛处理。

02
将打毛的头发向后梳理光洁，做拧包收起。

03
下卡子固定。

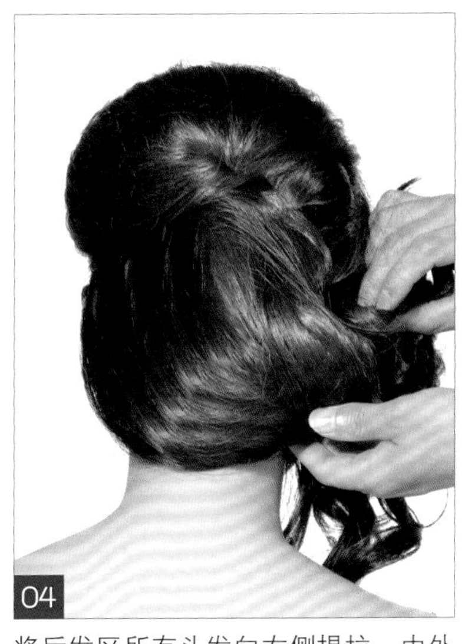
04
将后发区所有头发向右侧提拉，由外向内拧转并固定。

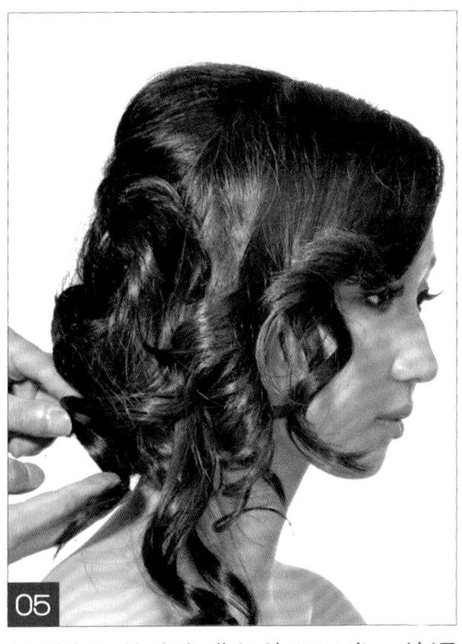
05
将刘海区的头发进行外翻烫卷，并调整发卷纹理。

06
佩戴小碎花。

造型提示

此款造型运用烫卷、打毛、拧包手法操作而成，饱满的顶发区拧包使顶部轮廓圆润饱满，乱中有序的偏侧发卷纹理清晰，搭配小碎花，造型整体尽显新娘妩媚风情的甜美气质。

将所有头发用电卷棒进行外翻烫卷。

将后发区中部头发做手打卷，收起并固定。

将顶发区的头发做手打卷，收起并固定在中部手打卷发髻之上。

将右侧的头发向后提拉，做拧转，收起并固定。

将发尾做手打卷，收起并固定。

将左侧的头发向后提拉，做手打卷收起，衔接固定在后发区发髻边缘。

将刘海区的头发做外翻处理，将发尾做手打卷，向后提拉并固定。

在后发区发卷处佩戴珍珠饰品，点缀造型。

造型提示

此款造型运用烫发和手打卷手法组合而成，层叠堆砌的手打卷富有层次感，搭配简洁的头饰点缀，整体造型呈现出简约而时尚的典雅风格。重点需掌握后发区的后缀式发髻轮廓，左右手打卷的衔接要牢固、协调。

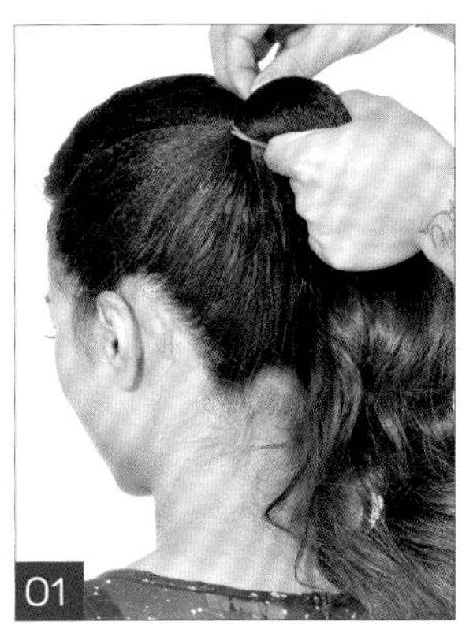
01 将所有头发束高马尾扎起。

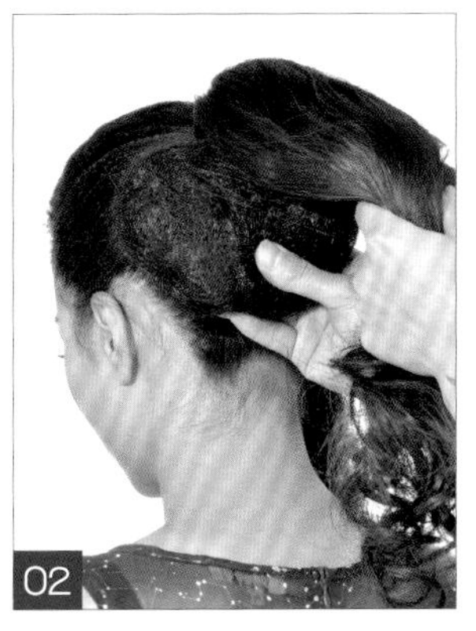
02 将一个假发包填充在后发区。

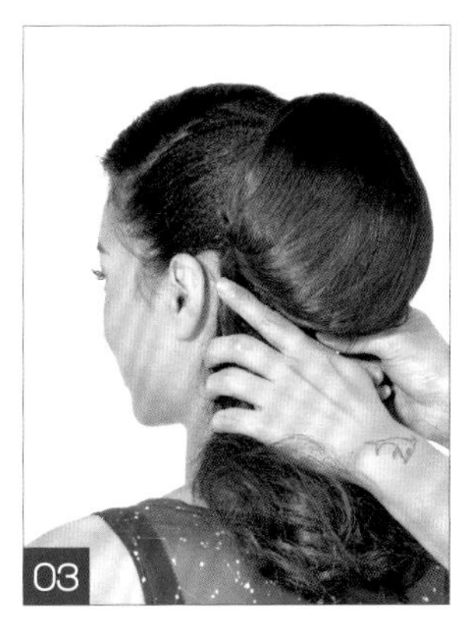
03 用马尾头发覆盖假发包并固定。

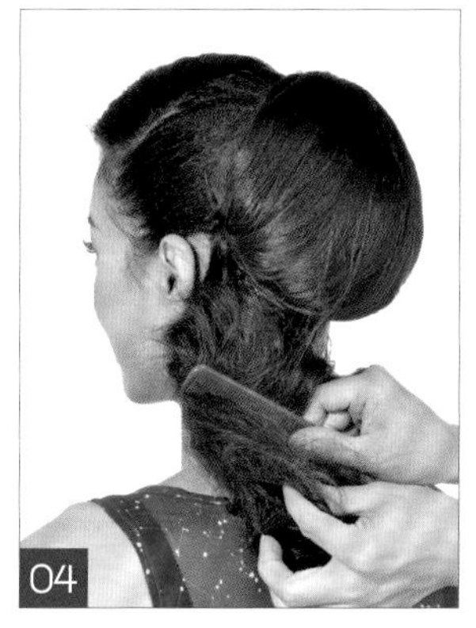
04 将剩余发尾打毛。

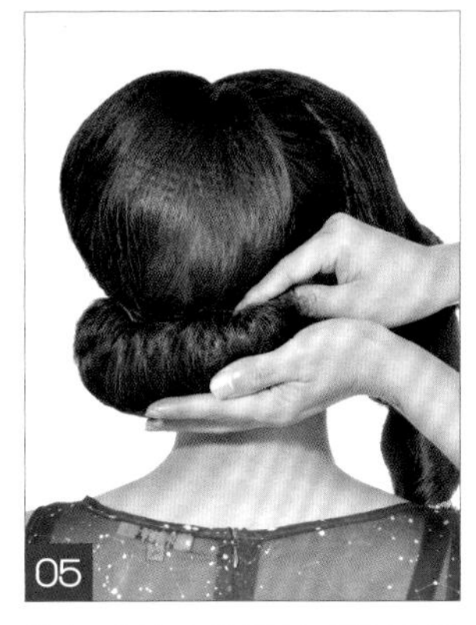
05 将打毛的头发沿着后发际线轮廓外翻拧转并固定。

06 轮廓要圆润饱满，卡子不宜暴露在外。

07 将刘海区的头发向后拧转。

08 将拧绳的刘海向上提拉，沿着顶发区发髻缠绕。

09 下卡子固定发尾。

10 将皇冠佩戴在顶发区左侧。

造型提示

此造型利用束马尾、真假发结合、拧绳、打毛、拧转手法操作而成。在操作后发区时，真假发结合要自然，不可将假发暴露在外，同时刘海的轮廓弧度要呈现高耸饱满的状态。端庄的盘发结合皇冠头饰的点缀，凸显出了新娘典雅端庄的优雅气质。

01
将头发根部用玉米夹烫卷，将发尾用中号电卷棒烫卷。

02
将左侧的头发进行三股单边续发编辫。

03
编至发尾。

04
将左侧及后发区的头发缠绕发辫，拧转并固定至后发区右侧。

05
取刘海一束发片，向后提拉。

06
继续取右侧一束发片，摆放成半圆状，向上提拉并固定。

07
以同样的手法操作。

08
将素雅的绢花点缀在右侧发髻处。

造型提示

此造型运用玉米烫、烫发、三股单边续发编辫和拧转手法操作而成。重点需掌握右侧刘海发片的层次及摆放的轮廓。偏侧的浪漫卷发搭配绢花的点缀，整体造型凸显出了新娘自然清新的随意风格。此发型适用于外景拍摄。

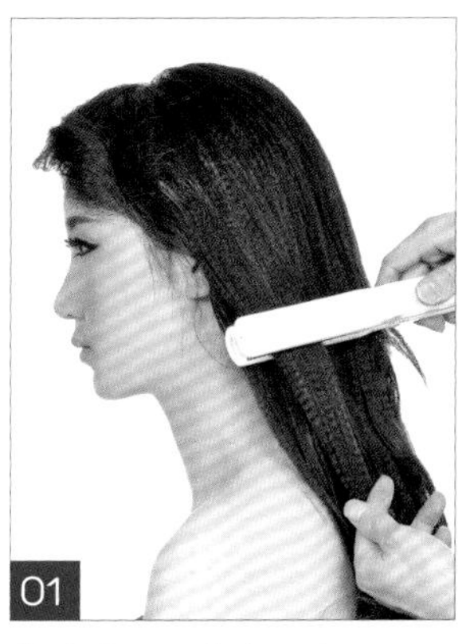
01 将头发用玉米夹烫卷。

02 将头发分为左、右两个发区，分别扎马尾收起。

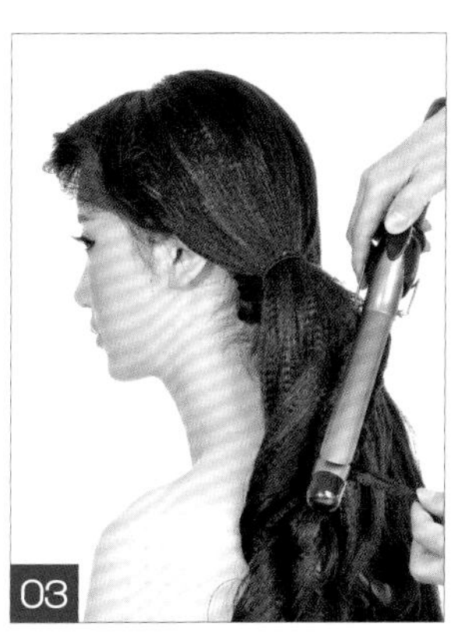
03 将发尾头发用电卷棒烫卷。

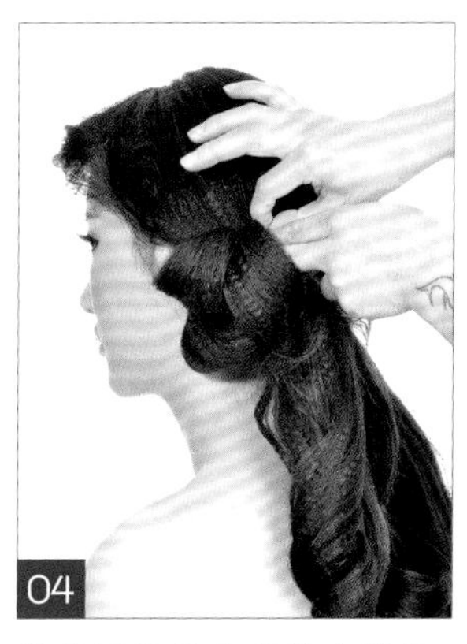
04 将发尾头发分出数个发片，沿着发卷纹理向上拧转，收起并固定。

05 由左向右做手打卷，收起并固定至右侧马尾发髻处。

06 将右侧马尾编三股辫至发尾。

07 将发辫向上提拉，在右侧耳上方转为由右向左提拉，在左侧耳上方固定。

08 将刘海进行外翻梳理，并整理出发丝纹理。

09 在前额右侧上方佩戴头饰，点缀造型。

造型提示

打造此款发型时，后发区的手打卷发髻要摆放出层次感，同时发型轮廓的走向要根据新娘脸形的特点来掌握，方形脸或圆形脸的新娘不适宜将发髻走向往两侧延伸。低发髻盘发优雅而娴静，错落有序的手打卷盘发结合精致的编发组合，搭配别致的红色珠花，整体造型极好地将新娘时尚优雅、端庄雅致的气质凸显出来。

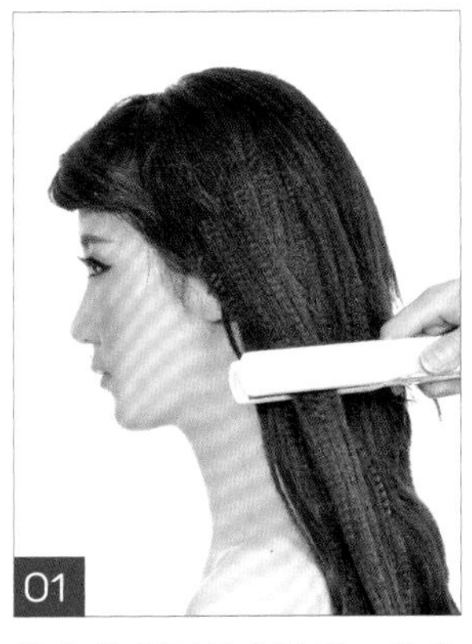

将头发用玉米夹烫卷，使其蓬松。

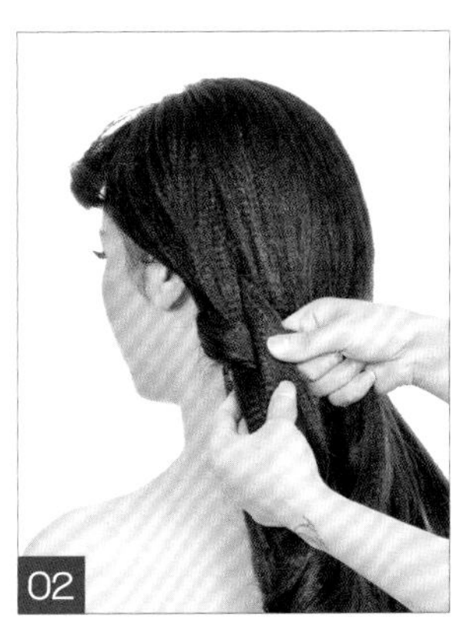

取左侧耳后方一束发片，进行三股单边续发编辫。

发片在续发时要均等，由左向右进行续发编辫。

编至后发区右侧，续右侧发片进行编辫。

继续由右向左进行单边续发编辫。

将发尾头发进行三股编辫至发尾。

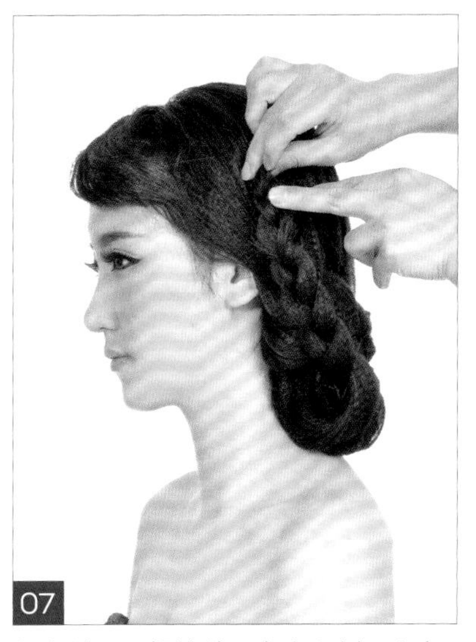

将发辫向上提拉并固定在左侧耳上方。

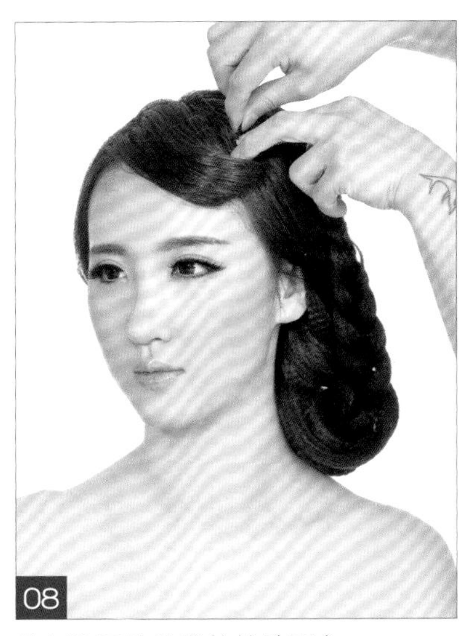

将刘海区的头发拧转并固定。

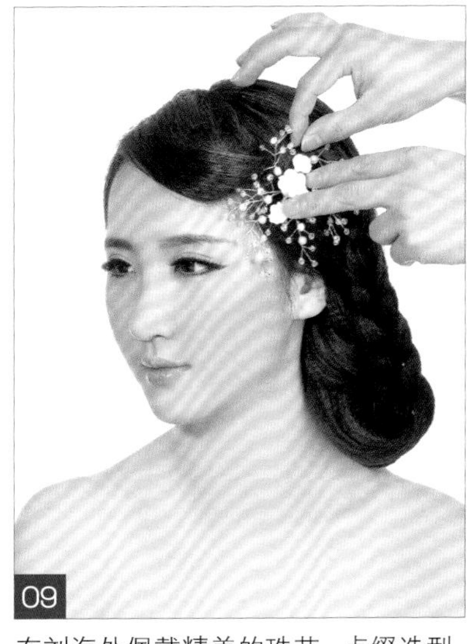

在刘海处佩戴精美的珠花，点缀造型。

造型提示

三股单边续发时，续发的发量要均等一致，同时在转弯衔接处要有自然的过渡。精致的编发是韩式造型的常用手法之一，偏侧的发髻结合巧致的珠花点缀，整体造型尽显新娘俏丽贤淑的时尚气息。

将刘海区的头发进行外翻拧转。

下卡子将其固定在耳上方。

取后发区右侧的头发，由下向上拧转并固定。

继续取一束发片，衔接第一束发片固定。

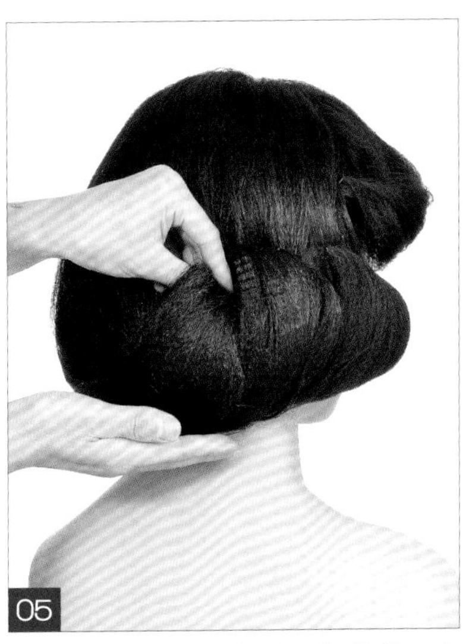

将剩余头发向右侧提拉，衔接第二束发片的卷筒固定。

佩戴蝴蝶结头饰，点缀造型。

造型提示

此造型运用了单一的拧转卷筒手法操作而成。光洁饱满的低发髻外翻盘发，结合外翻的刘海，搭配有助于衬托层次感的蝴蝶结头饰，整体发型凸显出新娘高贵简约的明星气质。

将顶发区的头发做拧包，收起并固定。

取后发区左侧一束发片，向上翻转并固定。

在右侧对称的位置取一束发片，以同样的手法操作。

取后发区剩余头发的上面一部分发片，向上做卷筒收起。

下卡子固定。

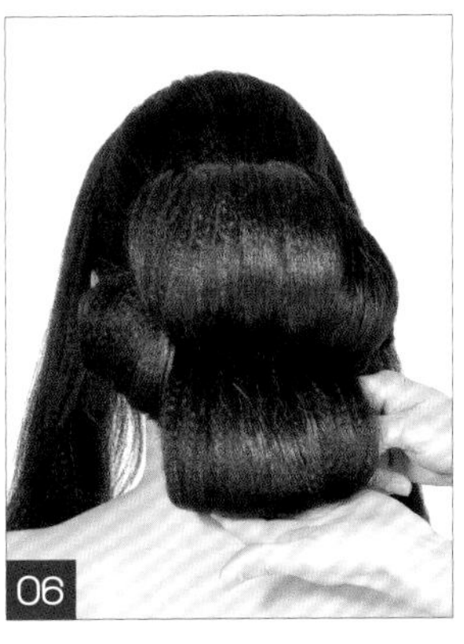

将剩余发片向下做卷筒，收起并固定。

将左侧刘海区的头发向后做外翻拧转并固定。

将发尾做手打卷，收起并固定。

另一侧刘海以同样的手法操作。

将头饰点缀在后发髻上方。

将孔雀状皇冠佩戴在顶发区。

造型提示

此造型运用拧包、卷筒、外翻拧转、手打卷等多种手法操作而成。重点需掌握后发区上、下卷筒的饱满度与牢固度，同时还需控制好刘海的左右对称性。中分的外翻刘海结合饱满的盘发，搭配别致的皇冠，整体造型尽显新娘典雅高贵的女王气质。

将刘海区的头发进行外翻拧转并固定在前额上方。

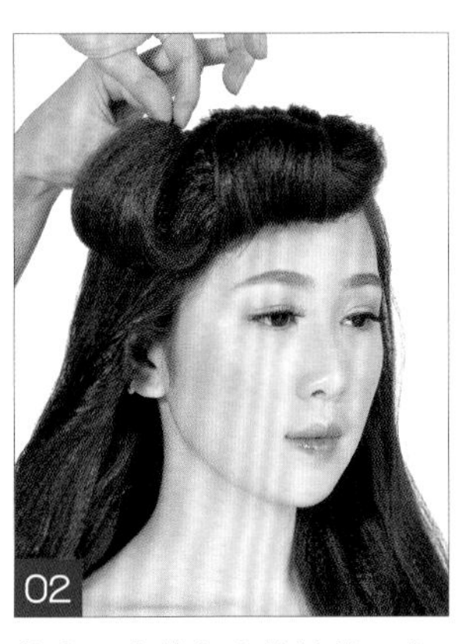

将发尾由外向内拧转并固定。

将右侧发区的头发由外向内拧转并固定。

将发尾头发向上翻转并固定。

将后发区的头发向上翻转并固定。

将发尾向上提拉，拧转并固定。

将左侧的头发做拧绳处理。

将拧绳向上提拉并固定。

将发尾向枕骨上方提拉，拧转并固定。

在右侧发髻处佩戴精美的钻饰发卡。

造型提示

此发型重点突出的是右侧发髻的层次感，每个发片叠加时，要以层叠的手法摆放固定，同时每个发片要干净，不宜有碎发。错落有序的偏侧拧转盘发通过精美的头饰加以点缀，烘托出造型的层次，凸显出了新娘复古而时尚的气质。

03

·旗袍发型系列·

将头发用电卷棒烫卷。

将刘海区的头发向后做拧包，收起并固定。

取左侧发区的头发，向枕骨上方提拉，拧转并固定。

将右侧的头发向枕骨处提拉，拧转并固定。

继续取右侧的头发，向枕骨处提拉，拧转并固定。

取后发区左侧的头发，向枕骨下方拧转并固定。

取后发区右侧的头发，向中部拧转并固定。

取后发区左侧的剩余发片，向上提拉，拧转并固定。

在发髻处佩戴精美的蝴蝶结头饰，点缀造型。

造型提示

此造型运用交叉拧包及烫发手法操作而成，光洁而有层次的交叉拧包体现出新娘端庄的气质，搭配发尾的发卷，极好地为造型增添了一分妩媚与娇柔。操作时，后发区交叉拧包的发片要均等，同时碎发要收干净。

将刘海做手推波纹处理。

将发尾向右侧耳后方收起并固定。

将剩余头发束低马尾扎起。

将发尾头发分出数个均等发片，将第一个发片做手打卷，向上盘起并固定。

将第二束发片向前提拉，盘起并固定。

将第三束发片做手打卷，收起并固定在右侧耳下方。

佩戴喜庆的红色头花，点缀造型。

造型提示

此造型以极为精致的手推波纹手法与手打卷手法操作而成，重点需要掌握手推波纹的操作手法。在做手推波纹时，发片要梳理干净，以前后推送的手法来制造波浪纹理的效果。发尾要与边缘发髻形成自然衔接的状态。

将刘海区的头发做三股编辫处理。

将发辫对折，固定在耳前方。

将顶发区的头发做三股编辫至发尾，固定。

取左侧一束发片，向发辫边缘提拉，拧转并固定。

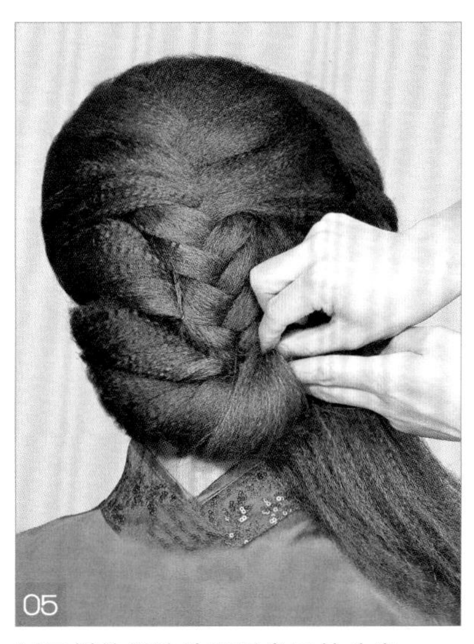

以同样的手法处理后发区的头发。

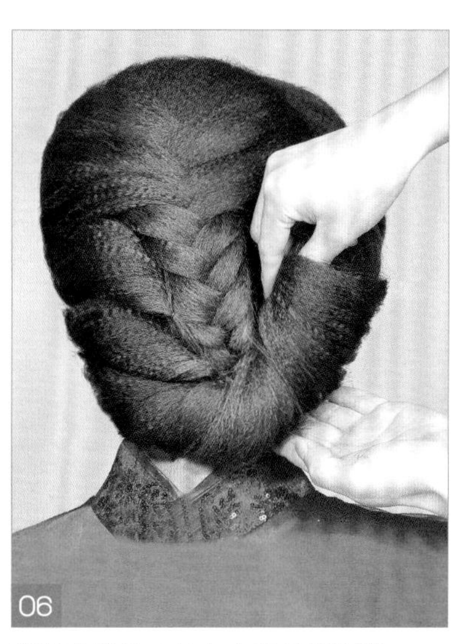

将剩余发片由外向内拧转并固定。

在右侧佩戴珠花，点缀造型。

造型提示

此款发型运用三股编发和拧转手法操作而成。饱满精致的后发髻是整个造型的关键。在操作时，每股发片的表面要干净，同时发片拧转提拉的角度要根据后发际的轮廓来确定，最终形成一个圆润的半圆状弧度。为使发髻牢固，每股发片拧转后都需固定在后发区的发辫之上。

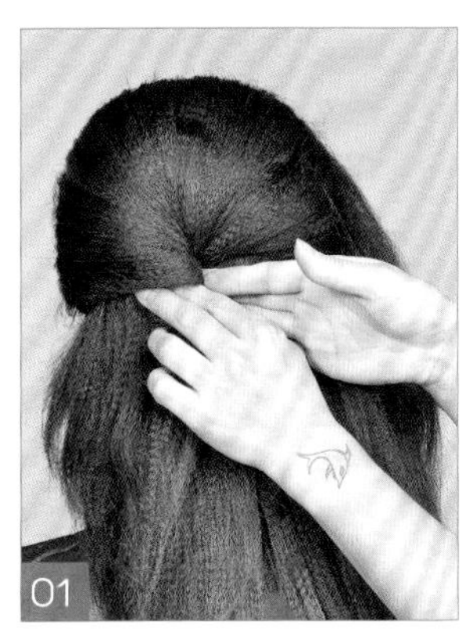

将顶发区的头发做拧包，收起并固定。

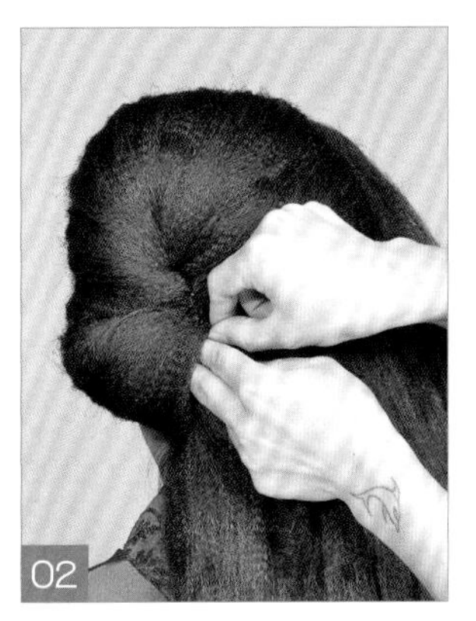

取后发区左侧的头发，向上拧转并固定。

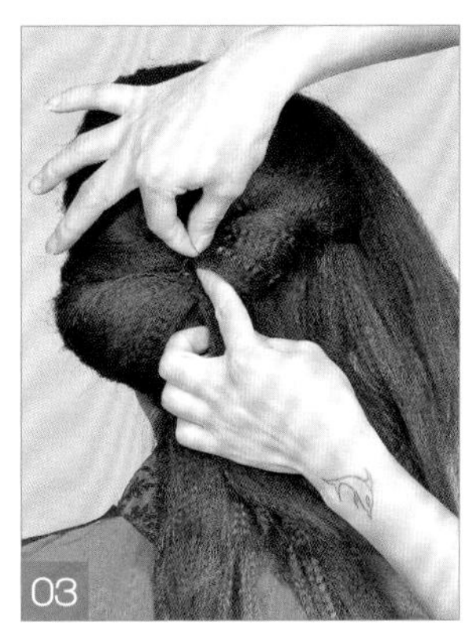

将发尾头发向枕骨处拧转并固定。

将剩余发尾继续向右侧拧转并固定。

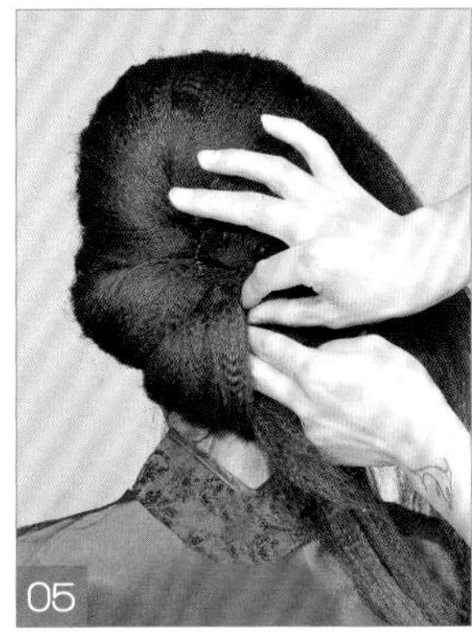

将后发区中部的头发向上拧转并固定。

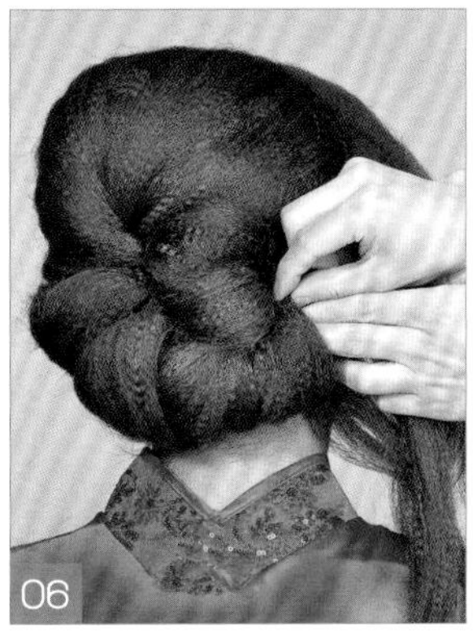

将发尾头发交叉有序地拧转并固定。

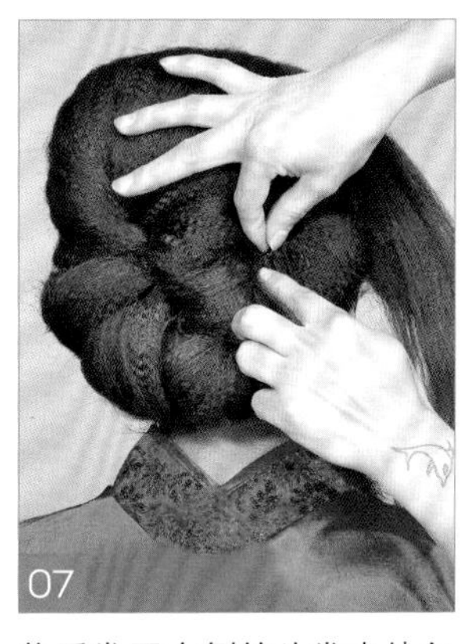

将后发区右侧的头发由外向内拧转并固定。

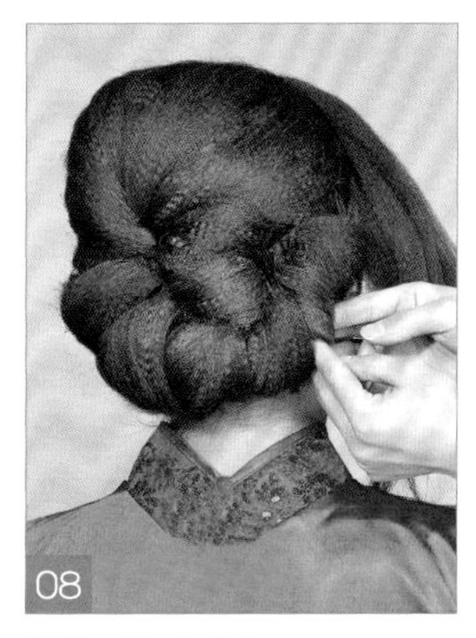

将发尾向内收起。

将刘海分出前、后两个发片。

将后发片向上拧转并固定。

将前发片向后提拉，拧转并固定在耳上方。

佩戴精美的头花，点缀造型。

造型提示

此款造型需要体现后发区发髻的精致感，以及整体轮廓的饱满度。顶发区的拧包高耸饱满，能很好地在视觉上拉长新娘的脸形。婉约的内扣式刘海为原本呆板的盘发造型增添了一种妩媚的韵味。

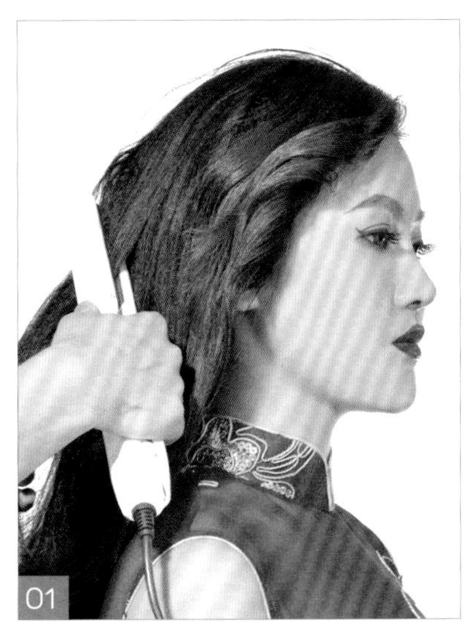

将所有头发用玉米夹烫卷。

将刘海区的头发做外翻卷筒，收起并固定。

将顶部头发向右侧提拉，拧转并固定。

将右侧的头发向左侧做拧包，收起并固定。

将枕骨处的头发向右侧提拉，拧转并固定。

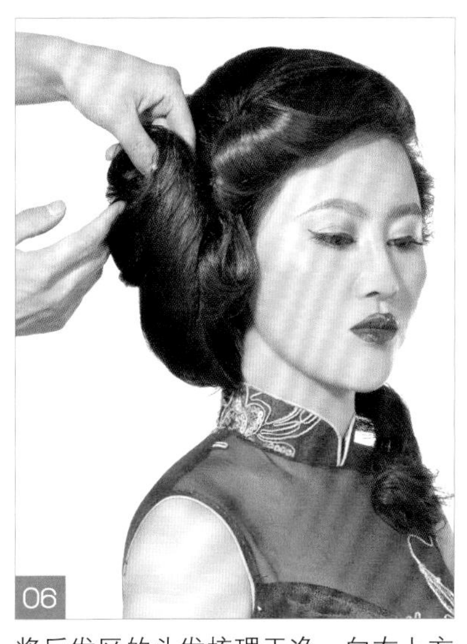

将后发区的头发梳理干净，向右上方提拉，将发尾做手打卷，收起并固定。

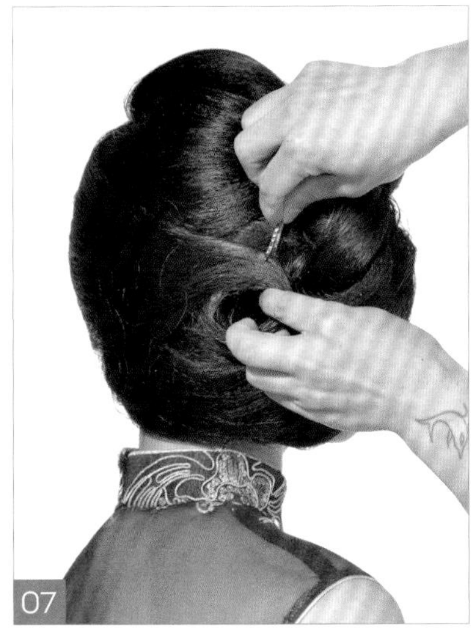

在左侧取头发，向右侧提拉，将发尾做手打卷，收起并固定。

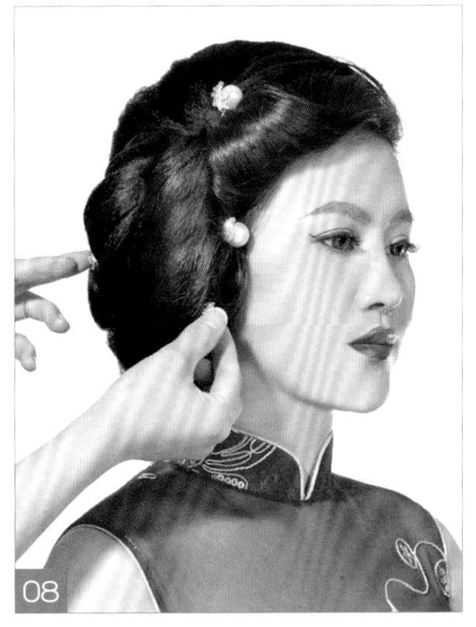

在右侧发髻处佩戴珍珠发卡。

造型提示

此款造型运用玉米烫、卷筒、手打卷及拧包手法操作而成，重点需掌握拧包与拧包之间的衔接，以及整体发型的饱满轮廓。经典的偏侧发髻盘发最能体现东方女性的古典韵味，并迅速提升新娘温柔含蓄的高雅气质。此款造型婉约而不失华丽感，让东方女性的古典浪漫气质得以体现。

将所有头发烫卷。

将顶发区的头发做拧包，收起并固定。

取左侧一束发片，向右侧提拉，拧转并固定。

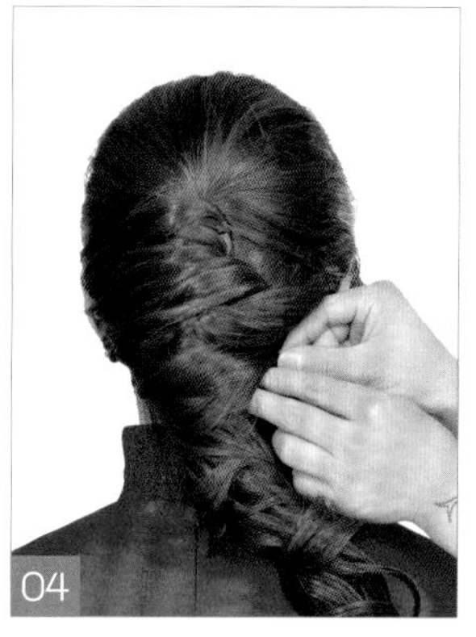

继续以同样的手法交叉拧转并固定。

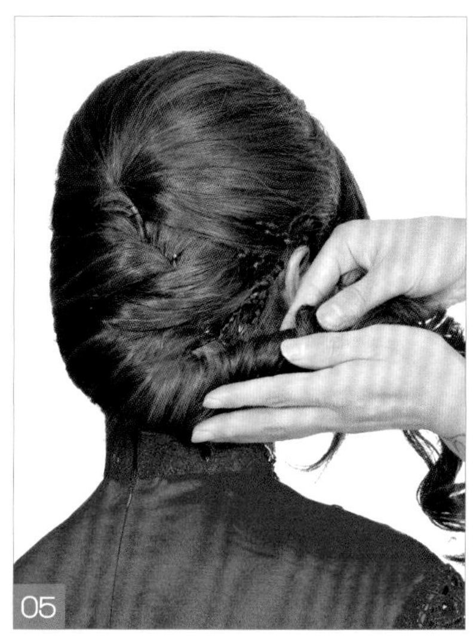

将发尾头发做拧绳处理。

将拧绳向上提拉并固定。

将发尾做精致的发卷并固定。

将刘海区的头发向后梳理并下卡子固定。

在右侧发髻处佩戴头花，点缀造型。

造型提示

此款造型运用拧包、交叉拧转及拧绳手法操作而成。发型重点在于偏侧拧绳的发髻，操作时发片拧绳的力度要松紧适宜，过松发型会凌乱，过紧偏侧发髻的轮廓又无法呈现。圆润光洁的发髻通过红色头花加以点缀，营造出了新娘端庄古典的气息。

01 将刘海区的头发做内扣拧转处理。

02 将顶发区的头发向右侧提拉，沿着刘海区的头发内扣拧转并固定。

03 将左侧的头发向枕骨处提拉，拧转并固定。

04 将后发区左侧的头发向右侧上方提拉，拧转并固定。

05 将后发区中部的头发向上提拉，拧转并固定。

06 将后发区右侧的头发向右侧耳上方提拉，拧转并固定。

07 将剩余的头发沿着发髻边缘缠绕。

08 将发尾做手打卷，收起并固定。

09 在前额及右侧发髻处佩戴红色头花，点缀造型。

造型提示

此造型运用内扣拧包、拧转及手打卷手法操作而成。内扣刘海既能营造出复古气息，同时还能修饰脸形，偏侧发髻层次鲜明，结合顶发区圆润的轮廓弧度，加上红色头花的点缀，整体造型凸显出了新娘端庄古典的熟女气质。

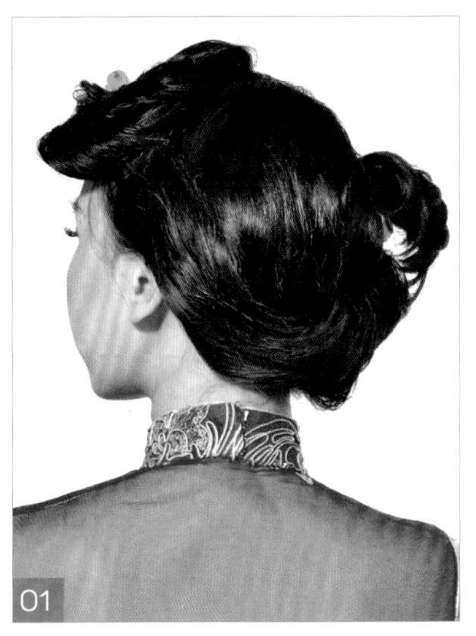

将头发分为刘海区及后发区。

取后发区左侧的头发，向上翻转并固定至后发区右侧。

继续以同样的手法操作。

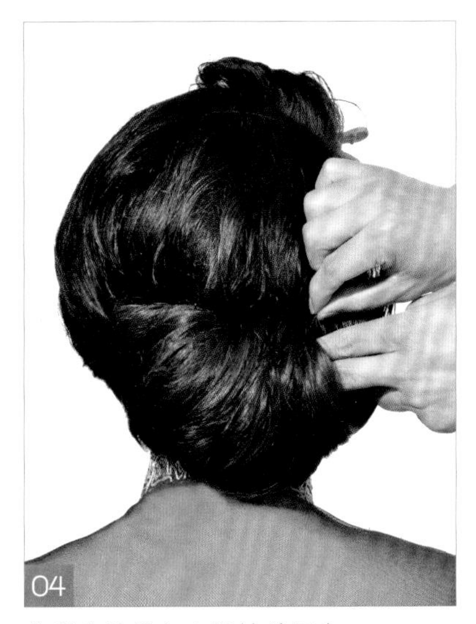

将剩余头发向上翻转并固定。

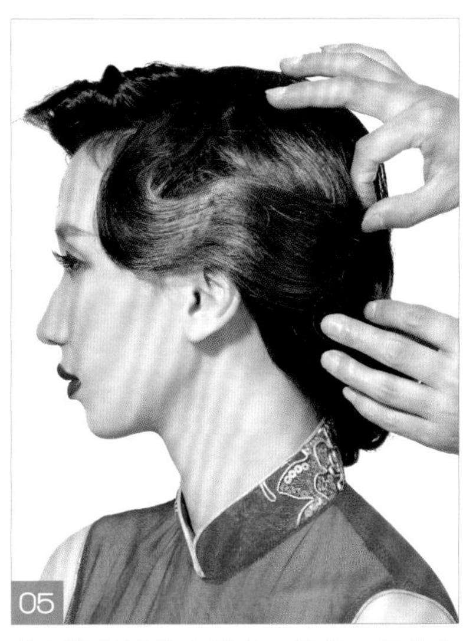

将刘海分出数个发片，将第一束发片摆放出波纹弧度，将其固定。

将第二束发片叠加在第一束发片之上。

将第三束发片做手打卷，将其叠加固定在第二束发片之上。

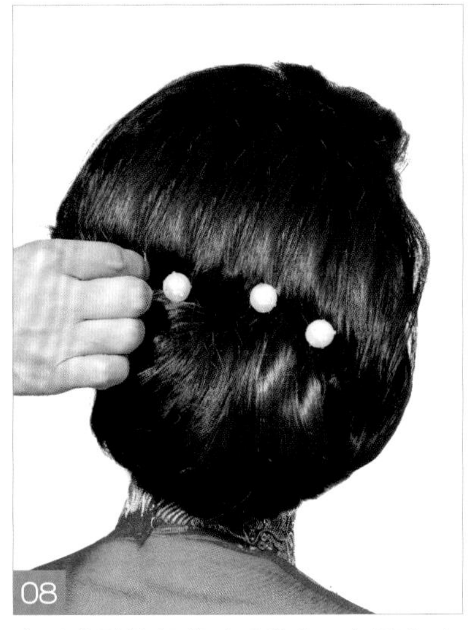

在后发髻处佩戴珍珠发卡，点缀造型。

造型提示

此款造型运用手摆波纹及翻转拧包手法操作而成。层叠有序的手摆波纹最能体现女人妩媚的气息，结合偏侧的卷筒发髻，整体造型凸显出了新娘古典大方的韵味。

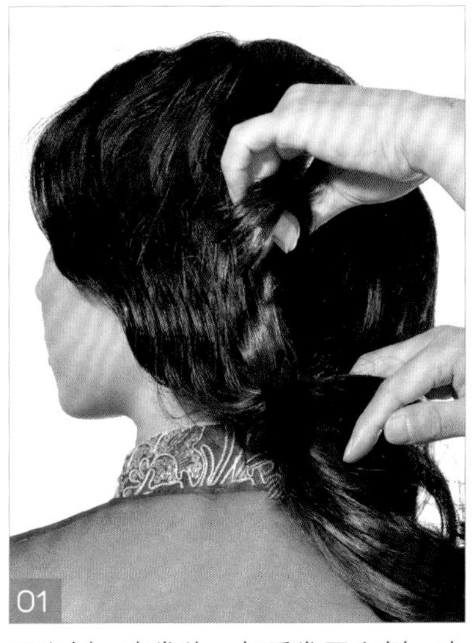

取左侧一束发片，与后发区左侧一束发片交叉。

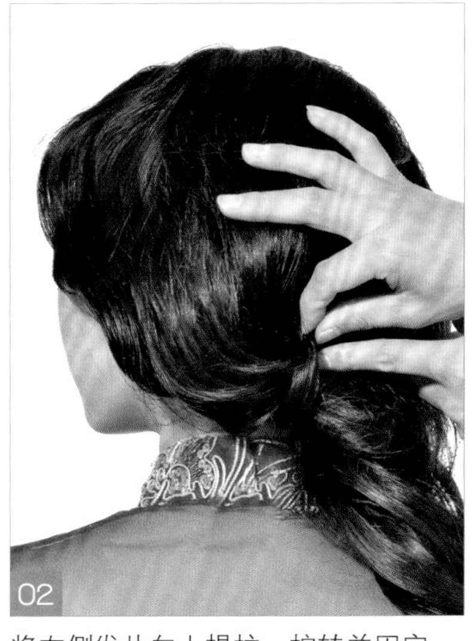

将左侧发片向上提拉，拧转并固定。

依次将后发区的头发向上拧转并固定至后发区右侧。

将刘海区的头发做外翻拧转并固定至右侧耳上方。

将右侧的头发向后做外翻，拧转并固定在耳后方。

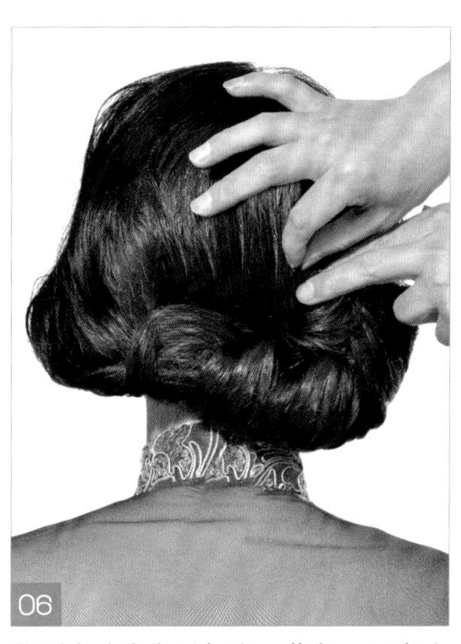

将剩余头发做手打卷，收起后固定在后发区右侧。

在后发区发髻处点缀小碎花。

造型提示

此发型在操作时需要先用大号卷棒将头发烫卷，使其有丰富的波浪纹理，来制造复古的刘海。外翻的刘海带有时尚动感的气息，波纹状的偏侧发髻复古韵味十足，同时又极好地起到了修饰脸形的作用。

取右侧刘海区的头发，向后做拧包，收起并固定。

取左侧发区的头发，向枕骨处提拉，外翻拧转并固定。

继续以同样的手法将后发区的头发向上拧转并固定。

将剩余头发向内拧转成卷筒状。

将发尾向上提拉并固定在枕骨左侧。

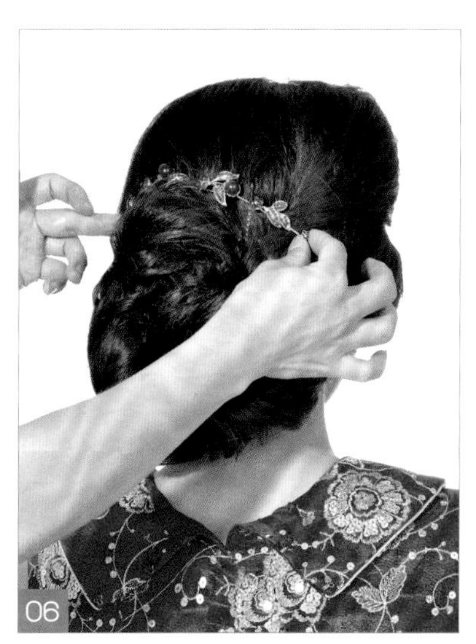

将珠花佩戴在后发髻上方。

造型提示

顶发区饱满圆润的包发能够提升新娘的气质，后发髻半圆状的轮廓弧度优美，搭配精致的红色珠花，尽显新娘端庄典雅的娴静气质。

将头发用玉米夹烫卷。

取右侧一束发片，拧转后摆放在一侧，固定。

将刘海做成手摆波纹收起。

取右侧耳后方一束发片，向上提拉，拧转并固定。

取左侧发区的头发，向后拧转并固定。

继续取后发区左侧的发片，向上拧转并固定。

取后发区中部的头发，向上拧转并固定。

将右侧剩余的头发向上拧转并固定。

将发尾做卷筒状，收起并固定。

取精美的头饰，佩戴在刘海处。

造型提示

偏侧的拧转盘发结合手摆波纹的刘海，用精致的珠花加以点缀，为原本沉闷的盘发增添了一分俏丽。手摆波纹在操作时发片要均等，以叠加的方式摆放固定。注意偏侧发髻的拧包应该光洁饱满，富有层次，并呈圆弧状，要避免参差不齐。

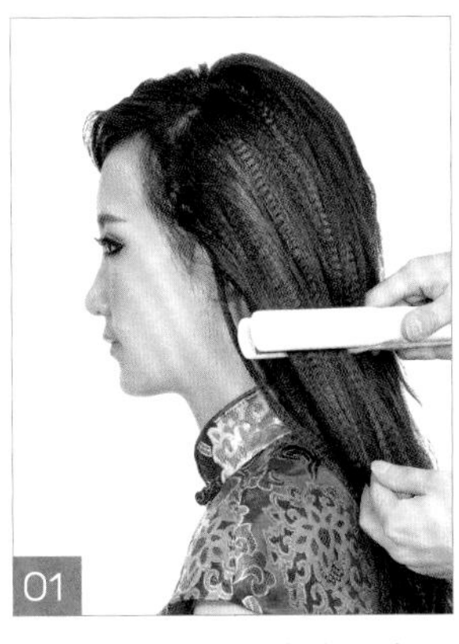
将所有头发用玉米夹烫卷。

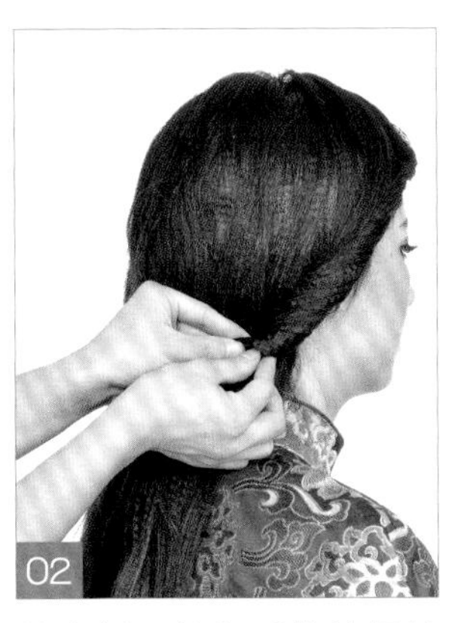
从右侧开始向后做拧绳续发，至后发区右侧固定。

从左侧开始向后做两股拧绳。

拧绳至后发区，在左侧下卡子固定。

取后发区一束发片，向上翻转并固定。

将发尾头发向上延伸，翻转后固定至尾端。

取后发区右侧的头发，向上翻转并固定。

翻转后固定在尾端。

取红色头花，点缀在后发髻上方。

造型提示

此发型比较适合椭圆形脸、身高不太高的新娘，更能体现出俏丽恬静的气质。右侧的两股拧绳续发与左侧的拧绳续发都要光洁蓬松，使外围轮廓圆润饱满，后发区的卷筒发髻大小要协调一致。简约精致的盘发搭配精美的头花，整体造型尽显新娘复古而优雅的名媛气质。

将顶发区的头发做包发，收起并固定。

取左侧一束发片，向枕骨右侧提拉，拧转并固定。

取右侧一束发片，与左侧发片交叉拧转并固定。

继续取左侧发片，向右侧提拉，拧转并固定。

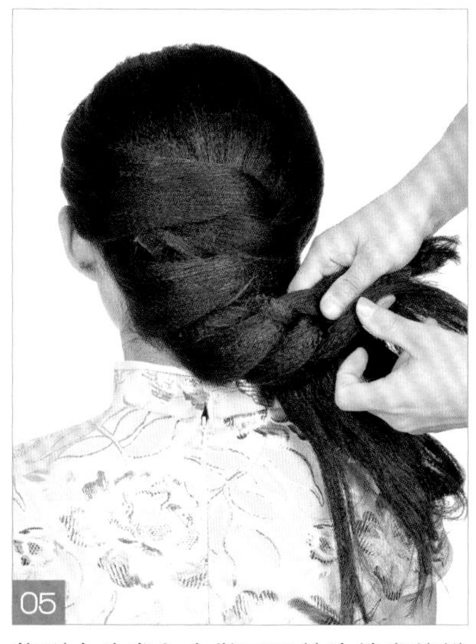

将剩余头发向右做三股单边续发编辫至发尾。

将发辫向右侧耳后方提拉并固定。

将刘海做内扣烫卷。

将刘海沿着发卷纹理调整出精致的形状，将发尾做手打卷，收起并固定。

在前额左侧佩戴珍珠头饰，点缀造型。

造型提示

层次鲜明的交叉拧包、精致圆润的编发轮廓，结合纹理清晰的刘海，搭配素雅精美的珍珠头饰，整体造型凸显出了新娘素雅俏丽的独特气质。操作时，重点需掌握刘海与偏侧发髻的自然衔接，使整体轮廓融为一体。

将顶发区的头发做包发，收起并固定。

将刘海区的头发做三股编辫至发尾。

将发辫向后提拉并固定。

取左侧一束发片，向枕骨处提拉并固定。

取右侧一束发片，向上翻转并固定。

继续以同样的手法操作。

将发片提拉摆放，以阶梯式固定。

将剩余发片向上翻转，收起并固定。

在后发区的发髻上方佩戴珠花头饰，点缀造型。

造型提示

此发型运用包发、拧包和三股编辫手法操作而成。圆润光洁的包发、轮廓饱满的后发髻盘发，结合精致的编发刘海，通过珠花头饰加以点缀，造型凸显出了新娘清新脱俗、雅致恬静的气质。

将头发用玉米夹烫卷。

分出刘海区的头发，由顶部向外进行三股续发编辫。

编至发尾，将发辫盘绕后固定。

由左侧开始进行三股单边续发编辫。

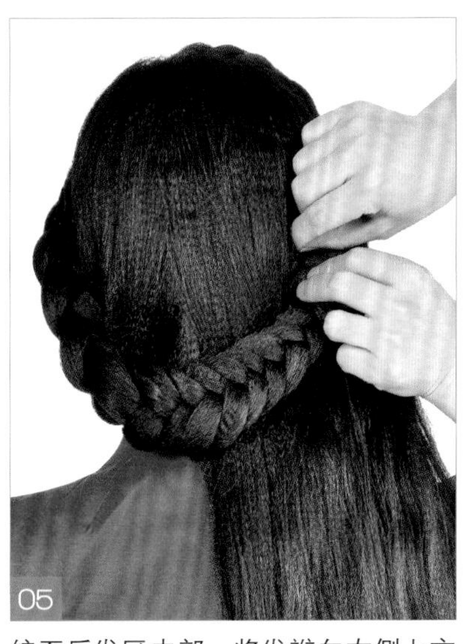

编至后发区中部，将发辫向右侧上方提拉并固定。

由右侧开始向后进行三股单边续发编辫至发尾。

将发辫向左侧上方提拉并固定。

在前额上方佩戴头饰，点缀造型。

造型提示

此款发型运用三股续发编辫及三股单边续发编辫组合而成。时尚个性的编发刘海，结合后发区的编发造型，搭配前额的头饰，极好地凸显出了新娘时尚甜美的优雅气质。

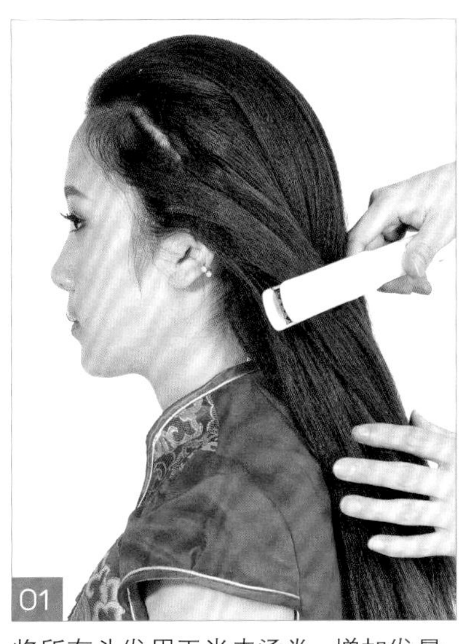
01 将所有头发用玉米夹烫卷，增加发量。

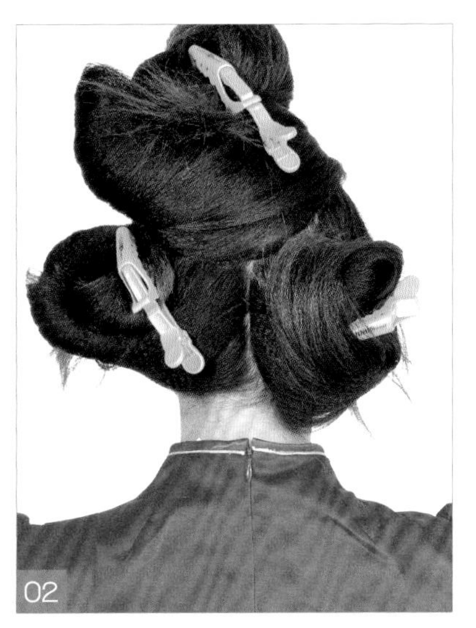
02 分出顶发区和左、右后发区。

03 将顶发区的头发进行蝎子编辫至发尾。

04 将左侧的头发进行三股单边续发编辫至发尾。

05 另一侧以同样的手法操作。

06 将左右侧的发辫衔接固定在顶发区发辫的边缘。

07 将发辫尾端向上翻转，下卡子固定。

08 佩戴头饰，点缀造型。

造型提示

此款造型运用蝎子编辫及三股单边续发编辫手法操作而成，精致的编发造型总能很好地凸显女性柔美的气质。在操作中，左侧在编发时，发辫应向外提拉一些，使其轮廓更加饱满，右侧则向内收紧一些，使整体造型从正面呈现偏侧发髻的效果。